# 中国軍、その本当の実力は

中国軍は台湾を着上陸侵攻できるのか

樋口譲次 著

国書刊行会

# 中国軍、その本当の実力は
## ——中国軍は台湾を着上陸侵攻できるのか

# はじめに

直面する「台湾有事は日本有事」の危機が叫ばれる中、中国軍の本当の実力を解明することは喫緊の課題であり、中国の各種工作や一部マスコミなどの極端な論調に惑わされない冷静かつ慎重な判断が必要である。

中国は、共産党一党独裁による密室政治や曖昧な意思決定、厳重な言論・報道の統制、改ざんや捏造で信頼性を欠く公式統計・資料（数値、データー）などに見られるように、徹底した秘密主義を貫く国であり、また権謀術数の限りを尽くしてせめぎ合う国でもある。

したがって、その実情（実体や実力）は、いつもベールに包まれて不透明かつ不可解である。加えて、中国が公表する情報には、色々な意図や思惑が秘められており、そのことを承知していたとしても、同じ事を何度も繰り返されるうちに警戒心が薄れ、いつの間にか真に受けて仕舞いがちになるが、それが又中国の狙いでもある。

このようなやり方は、中国が『孫子』の忠実な実践者であることと無関係ではない。

『孫子』は、冒頭の第1章「計篇」3項で「兵は詭道なり」と述べている。戦争とは、敵をだます行為であるとし、そのため、いつも敵に偽りの状態を示すことが肝要と説く。敵に対し常に偽りの情報を与えて自軍の実態を隠蔽し続け、虚偽の姿のみを示して敵の判断を誤らせ、自軍の狙う方向に敵を誘致導入するよう主張しているのである。

さらに『孫子』は、第3章「謀攻篇」9項で「戦わずして人の兵を屈する」、すなわち「戦わずして勝つ」ことが最善の方策であると断じている。

その現代的実践の手段が、中国が「三戦」として掲げる「世論戦」、「心理戦」および「法律戦」であり、フェイク（虚偽情報）やナラティヴ（作り話・フィクション）、プロパガンダ（政治宣伝）を駆使した情報戦や認知戦、サイバー戦などである。

中国の三戦は、いわゆる「謀略戦」と同義であり、平・戦両時にわたって展開されるが、特に平時の戦いにおける主要手段として重視される。また、三戦は、「間諜（スパイ活動）」や前掲の「詭道」などと共に併用され、政治、外交、経済、文化、法律などの分野の闘争と密接に呼応させて包括的に運用される。

その狙いは、相手国の意図や能力を測り、油断を誘って戦備を弱め、あるいは威嚇して戦意を挫くとともに、相手国の同盟関係（例えば、日米同盟）を機能不全または解体し、戦うことなく相手を屈服させることにある。

このように、中国は、不透明な軍事力を背景に、非軍事的手段によって相手を「強要

（compellence）」し戦争の政治目的を達成しようとしている。その戦略的アプローチは、日米欧のそれとは明らかに異なり、その実情の正確な把握を複雑困難にしている。

一方、軍事的脅威は、一般的に国家の主権、領土の一体性及び独立を侵害しようとする外国の「意図」と「能力」によって測られる。

もし、ある国が他国を侵略する悪意ある意図を持っていても、その能力（軍事力）が伴っていなければ必ずしも「脅威」とは言い切れない。他方、ある国が軍事大国といわれる能力があっても、侵略する意図がなければ、同じく「脅威」とは見なされない。

このように、脅威の概念は、「意図」と「能力」の相乗積によって測られ、その二つが結びついた時に初めて脅威の顕在化として明確に認識されるものである。

では、中国は脅威か？　中国は言うまでもなく、日本にとっても、また台湾にとっても明らかな脅威である。しかし、その脅威が直ちに侵略の形で現実化するかどうかについては、冷静かつ慎重な判断が求められる。

なぜならば、中国は、尖閣諸島と台湾を自国の領土であると一方的に主張し、それを奪取し統一する意図を繰り返し宣明すると同時に、猛烈な勢いで軍事力を強化しているが、果たして真にその能力（実力）を備えているか否かは依然不透明・不確実であるからだ。

能力には、ハードウェアとソフトウェアの両面がある。兵器や装備に代表されるハードウェアは、比較的計測し易いが、それとて、軍事大国・核大国のロシア軍がウクライナ戦争において「世界が思っていたような強力な軍隊ではなかった」と酷評されているように、その正確な判断は難しい。戦略（strategy）や作戦術（operational art）・戦術（tactics）、教育訓練と部隊の練度、統合作戦、兵站（後方支援）、団結・規律・士気、将校や兵士の質などのソフトウェアに係わる能力の判断はさらに困難を極めるのは間違いない。ましてや、中国軍が尖閣諸島を焦点とする南西地域や台湾に侵攻するには、過去に経験したことのない東シナ海や台湾海峡、南シナ海を越えた着上陸（水陸両用）作戦の遂行に依拠しなければならないからだ。

他方、侵略に発展するか否かは、彼我の相対的な力関係によっても左右される。と言うのも、侵略の脅威を察知した側が、軍事力や同盟戦略などの軍事・外交的対応を強化した結果、侵略する側が軍事的冒険に伴うコストがその利益を上回ると判断した場合、侵略を思い止まらせる戦争抑止機能が働く可能性があるからだ。そのための日本の防衛力強化であり、日米同盟を基軸としたクアッド（Quad）や周辺国、友好国との協力連携の促進である。

翻って、中国人民解放軍（中国軍）は、いうなれば「ソ連型の軍隊」である。

ソ連軍（ロシア軍）と中国軍は共産主義革命軍としての共通項を持ち、その中で、中国人民解放軍（中国軍）はソ連の支援を受け、ソ連軍の組織、兵器・装備、戦い方、指揮統制、教育訓練、人事制度などに学びつつソ連軍をモデルに建設してきた歴史がある。

今日においても、中露は「包括的・戦略的協力パートナーシップ」を確立し、それを基盤として中国軍は、ロシアから戦闘機や駆逐艦、潜水艦など近代的な兵器・装備を購入し、定期的な軍高官などの往来に加え、共同訓練・演習など行い、ロシア製兵器の運用方法や実戦経験を有するロシア軍の作戦教義などの学習を通じて、いわゆる相互運用性（interoperability）を向上させている。

つまり、中国軍は、世界の中で、最もロシア軍と類似的特性を共有している軍隊の一つである、と言うことができる。

そこで、ウクライナ戦争におけるロシア軍の軍事作戦を中心に概観しその行動について分析評価すれば、ロシア軍と軍事的類似性を有する中国軍の実体や実力の一端を探り類推することが出来るのではないかと考えた。ウクライナのロシア軍は、曲がりなりにも中国軍の実情を投影している可能性があるとの見立てである。

台湾に対する着上陸作戦については、それを構成する基本要件として①侵攻正面における海上・航空優勢の獲得、②台湾領土への地上部隊の戦力投射、そして③主として大量輸送が可能な海上からの兵站（後方支援）の提供に加え、④作戦全般を通じた陸・海・空軍による一体的な統合作戦の遂行の四つが挙げられる。中国軍が着上陸作戦を成功させるには、この四つの高いハードルをクリアーしなければならず、そこにメスを入れ、公開情報やデーターなどを基に分析評価すれば、中国軍の実体や実力のアウトラインの解明に近付くことが出来るのではないかと考えた。

また、そうすることによって、「台湾有事は日本有事」と言われる我が国の安全保障・防衛戦略の在り方を検討する上でも、大いに意義があるのではないだろうか。

したがって、本書は、第1章で「ソ連（ロシア）軍をモデルに建設された中国軍」を、第2章ではロシアがウクライナ侵攻で実践した「ハイブリッド戦」と同じ路線をたどっている「中国の対台湾『戦争に見えない戦争』はすでに始まっている」を、第3章で「中国は台湾を着上陸侵攻できるのか」を、そして第4章では「直面する『台湾有事は日本有事』の危機に日本はどう備えるべきか」を、それぞれテーマとして記述している。第3章及び第4章が本書の核心部分である。

昨2022年10月、5年振りに開催された中国共産党第20回党大会で、異例の3期目へ続投を果たした習近平総書記（国家主席）は、「一強」独裁の権力をより固め、国内では強権統治をさらに強めるとともに、国外では西側への挑戦を明確にすることで対立激化の途を選んだと見られる。そして、4期目に入るとみられる2027年の「人民解放軍創設100年の奮闘目標」の達成時期を前倒しすることに意欲を示しており、これまでの2期10年間以上に「最も不安定で不確実な時期」に入ったようである。

米国のブリンケン国務長官は2022年10月17日、台湾統一について「中国が以前に比べてかなり早い時間軸で目指すと決意している」と語った。米海軍のギルディ作戦部長は同月19日、台湾侵攻が2023年までに起きる可能性は排除できないとの見通しを述べた。このように、従来の想定より早いタイミングでの台湾有事への備えを促す論調が多くなっている。

習主席は、「不確実な戦争や準備のできていない戦いはするな」との毛沢東の格言を好んで引用している。

軍事的合理性の観点からすれば、中国の尖閣・台湾への軍事侵攻は、着上陸作戦能力の造成次第であり、中国が着上陸侵攻に自信を持った段階になるということだろう。

しかし、習主席は、経済の減速と雇用の悪化やゼロコロナ政策の失敗、それへの抗議から始まった「白紙革命」などに伴う国民の不満や社会的混乱から注意をそらすとともに、愛国心に訴えることや自らの歴史的実績（レガシー）作りなどの政治的動機から、軍事的条件が整う前にも対外的危機をつくり出し台湾侵攻を発動する可能性を否定できない。そのような「誤算のリスク」がもたらす不測の事態があり得ることを常に想定し、抑止・対処体制の整備を急がなければならない。それは、戦争の抑止力を高めることから、早ければ早いほど良い。

国際社会において、情勢が悪化する流れを史実に照らすと、「経済の時代」から「政治・外交の時代」へ、そして「政治・外交の時代」から「軍事の時代」へと「情勢悪化のスパイラル・モデル」を辿って行く過程が見て取れる。

東アジアでは、すでに説得、妥協及び（軍事力を背景とした）圧力を手段とする政治・外交的解決が行き詰まり、その可能性が不透明・不確実となる中、軍事の時代へと情勢が急速に傾きつつあるのではないかと懸念される。

言うなれば、「中国の台頭」に伴う海洋侵出に現れているように、世界の経済発展や安全保障の重心が欧州からインド太平洋へ移っており、当該地域の情勢が険悪化する中で、日台を中心とした地域は戦後最大の試練の時を迎えているのである。

願わくは、本書が多くの読者の目に留まり、わが国の安全保障・防衛、ひいては日台・日米台関係の重要性についての関心が高まり、その強化に繋がるようであれば、この上ない喜びである。
末尾になるが、本書の上梓に当たり、日本安全保障戦略研究所の冨田稔上席研究員、小川清史上席研究員並びに矢野一樹上席研究員及び航空自衛隊ＯＢの本村久郎氏には大変貴重なご助言と資料提供を頂いた。改めて心よりの謝意を表する次第である。

亡き父母に心からの感謝を込めて

樋　口　譲　次

# 目次

# 第1章 ソ連（ロシア）軍をモデルに建設された中国軍
## ――ウクライナ戦争が示唆する中国軍への教訓

## 第1節　ソ連（ロシア）軍と中国軍の類似性

### 1　共に共産主義革命から生まれた軍隊

現在のロシア軍は、帝政ロシアを共産主義革命によって打倒したソ連赤軍の後継である。同じように、中国人民解放軍、いわゆる中国軍は、１９２７年に共産党の軍事組織として結成され、国共内戦において中国国民党軍を破り共産主義革命を成し遂げた毛沢東率いる紅軍が、１９４７年に改称したものである。

紅軍は、主としてゲリラ戦術に依拠する農民を中心とした革命軍事組織（農民軍）であったが、ソ連の支援を受け、逐次、標準的な軍隊へとその体制を整えて行った。元を正せば、中国人民解放軍は「ソ連型の軍隊」であり、その意味において、現在のロシア軍と中国軍は、組織、兵器・装備、戦い方、指揮統制、教育訓練、人事制度などにおいて少なからぬ類似性を共有していると見ることができよう。

中国共産党は、レーニンらロシア共産党（ロシア社会民主労働党）を中心に各国共産党を支部とするコミンテルン（共産主義インターナショナル）の中国支部として1921年に結成されたものであり、基本的にコミンテルンの方針に従って活動した。

このように、紅軍は、中国共産党が農村や辺境の拠点で組織した革命軍事組織であったが、ソ連の支援を受け、列国並みの軍事組織を目指し、1950年代にさらなる技術的能力と組織の改善などを図った。しかし、大躍進政策（1958～60年）と文化大革命（1966～76年）の政治的混乱にともない、それらの取り組みは1970年代後半まで頓挫することになったが、その後、中国軍は改めて軍事の近代化に取り組んだ。

1940年代初頭、中国共産党の指導者は、ソ連の方針に沿って軍を再編成することを決定した。紅軍（人民解放軍）は、ソ連の組織表と装備表に従って再編成された。それは、ソ連の戦略と戦術の採用を前提とし、装甲車と大砲をもって重装備した諸兵科連合の機動部隊の概念を採用した。また、ソ連軍をモデルとした人民解放軍の近代化には、ソ連式の制服、階級、記章を備えた専門の将校団の創設も含まれていた。

１９５１年の秋に開始された人民解放軍の近代化に対するソ連の大規模な援助は、兵器と装備の供与、中国の軍事産業の構築への支援、主に技術的・軍事的な顧問の派遣という形をとった。

朝鮮戦争（１９５０～５３年）の時代に、ソ連は歩兵兵器、大砲、装甲車、トラック、戦闘機、爆撃機、潜水艦、駆逐艦、砲艦を供給した。ソ連の軍事顧問は、主にソ連の組織ラインに沿って設立された軍事産業の開発を支援した。航空機工場、軍需工場、造船施設が建設され、１９５０年代後半までに様々なソ連製と同じ軍用装備が製造された。

しかし、１９５６年の毛沢東によるスターリン批判を契機にソ連（フルシチョフ首相）との間で路線対立が始まり、ウスリー江の珍宝島事件（１９６９年）に代表される国境紛争などを巡る対立が深まった。その結果、ソ連は中国に最新の装備を提供しなくなったため、兵器のほとんどは時代遅れとなり戦闘力が低下していた。この軍事援助の停止に対する中国の不満と、ソ連が中国に核爆弾の設計図の供給を拒否したことが、１９６０年のソ連の軍事支援や軍事顧問の撤退に繋がった。

中ソ対立は、１９７０年代の文化大革命期にも続き、中国はアメリカに接近した。１９７６年の毛沢東死去により中ソ間には歩み寄りの動きが強まり、１９８０年代には関係を修復し、ソ連で１９８５年にゴルバチョフのペレストロイカが始まることによって両国関係は急速に改善が進み、１９８９年に中ソ対立に終止符が打たれた。

なお、毛沢東の革命戦略は、「政権は鉄砲から生まれる」という言葉に代表されるが、当時、蒋介石率いる国民党軍や日本軍と比較して極めて劣勢であったため、その戦術は「敵が進めば我は引き、敵が止まれば攪乱し、敵が疲れれば討ち、敵が退けば我は進む」という遊撃戦術と、「革命農村によって都市を包囲する」という戦略を掲げていた。

また、紅軍は、ソ連赤軍の組織原則を手本とし、一党独裁の共産党に従う軍であるので、軍の各級組織には党代表が政治委員として加わっていた。政治委員は軍事指揮官（司令官）よりも上位の権限を持つとされ、本制度は現在でも維持されている。

このように、中国は、共産主義革命の思想や手法と「はじめに」で触れた『孫子』の忠実な実践者としての伝統的アプローチとが相まった対内外政策・戦略を展開する傾向を特徴としている。また、中国軍は、「ソ連型の軍隊」として出発し、ソ連軍の後継であるロシア軍と少なからぬ類似性を共有していると見られ、それらを十分に認識した対応が、今後の対中政策・戦略のポイントになると言えるのではなかろうか。

## 2　近年も協力連携を深める中露関係

前述の通り、１９８９年に中ソ対立に終止符が打たれ、その後、中露双方は継続して両国関係重視の姿勢を維持している。

1990年代半ばに両国間で「包括的・戦略的協力パートナーシップ」が確立されて以来、同パートナーシップの深化が強調され、2001年に中露善隣友好協力条約が締結された。2004年には、長年の懸案であった中露国境画定問題も解決されるに至った。

両国は、米国一極支配に反対する立場から世界の多極化と国際新秩序の構築を推進するとの認識を共有し、関係を一段と深めており、ロシアのウクライナ侵攻直前の2022年2月上旬に開かれた中露首脳会談において、両国関係について「冷戦時代の軍事・政治同盟モデルにも勝る」と評価している。そして、米中及び米露関係の緊張が高まる中で、中露間では一貫して協力連携が深化しており、それぞれが米国などとの間で対立している台湾やNATOの東方拡大を巡る問題などの安全保障上の課題について一致した姿勢を示すことで、自らに有利な国際環境の創出を企図しているものとみられる。

特に軍事面で、中国は1990年代以降、ロシアから戦闘機や駆逐艦、潜水艦など近代的な兵器を購入しており、ロシアは中国にとって最大の兵器供給国となっている。引き続き中国は、ロシアが保有する先進装備の輸入や共同開発に強い関心を示し、例えば、ロシアの最新型の第4世代戦闘機とされるSu－35戦闘機やS－400対空ミサイルシステムを導入している。なお、ロシアがS－400対空ミサイルシステムを輸出したのは、中国が初めてであるとされる。

column

## 中国軍の第4世代の近代的戦闘機

■中国軍の第4世代の近代的戦闘機としては、ロシアからＳｕ－27戦闘機、Ｓｕ－30戦闘機及び最新型の第4世代戦闘機とされるＳｕ－35戦闘機の導入などを行っている。また、Ｓｕ－27戦闘機を模倣したとされるＪ－11Ｂ戦闘機やＳｕ－30戦闘機を模倣したとされるＪ－16戦闘機及び国産のＪ－10戦闘機の開発量産も進めている。
空母「遼寧」に搭載されているＪ－15艦載機は、ロシアのＳｕ－33艦載機を模倣したとされる。さらに、第5世代戦闘機とされるＪ－20ステルス戦闘機の作戦部隊への配備を開始したとされており、輸出向けと見られるＪ－31戦闘機の開発も進めている。なお、Ｊ－31戦闘機は、Ｊ－15艦載機の後継機の開発ベースとなる可能性も指摘されている。

■Ｓｕ－35戦闘機の概説と諸元・性能

・ロシア空軍の新型多目的戦闘機であり、２０１０年代初めに実戦配備され、２０１４年から極東にも配備されている。ウクライナ戦争で主力戦闘機として使用されているが、ウクライナ軍によって撃墜されたと報道されており、ロシア軍が実戦配備して以来、初めて同戦闘機を戦闘で損失したことになる。

・速度：マッハ２・25、主要兵装：空対空ミサイルＲＶＶ－ＢＤ（最大射程：２００㎞）、

空対艦ミサイルＫｈ－59ＭＫ（最大射程：２８５㎞）
〈出典〉令和２年版・令和４年版『防衛白書』（防衛省）を基に筆者作成

中露間の軍事交流としては、定期的な軍高官などの往来に加え、共同訓練・演習などを実施し、次頁に示す大規模演習に継続的に参加している。

また、中露両国は２０１２年以降、海軍による大規模な共同演習「海上協力」を実施している。２０１６年には初めて南シナ海で、２０１７年には初めてバルト海及びオホーツク海で同演習を実施し、２０２１年10月にはレンハイ級駆逐艦を含む艦艇が参加して日本海で実施した。さらに、中露両国はこれに継続する形で両国艦艇計10隻による初の共同航行をわが国周辺で実施した。

２０１６年及び２０１７年には、共同ミサイル防衛コンピューター演習「航空宇宙安全」を実施した。また、中国は、中露二国間もしくは中露を含む上海協力機構（ＳＣＯ、２００１年６月に設立）加盟国間で、対テロ合同演習「平和の使命」を実施している。中国としては、これらの交流を通じて、ロシア製兵器の運用方法や実戦経験を有するロシア軍の作戦教義（ドクトリン）などを学習することも見込んでいるものと見られる。

こうした動向に加え、最近、中露関係の戦略的深化が窺われる動きも確認されている。２０１９年７月には「初の共同空中戦略巡航」と称して、両国は日本海で合流した爆撃機を東シナ海に向けて飛行させた。また、９月には、両国間で新たな軍事及び軍事技術協力に関する一連の文書への署

**中国が参加したロシア軍の大規模演習**

| | | |
|---|---|---|
| 2018年 | 「ヴォストーク2018」演習 | 冷戦後最大規模の演習 |
| 2019年 | 「ツェントル2019」演習 | |
| 2020年 | 「カフカス2020」演習 | |
| 2021年 | 「西部・連合2021」演習 | |
| 備　考 | ・ヴォストーク：東、ツェントル：中央、カフカス：コーカサスの意味で、それぞれ実施した軍管区・地域を示している。 | |

〈出典〉令和４年版『防衛白書』（防衛省）を基に筆者作成

名が行われた。

２０２０年においても同様の傾向は継続しており、同年12月、ロシアのショイグ国防相と中国の魏鳳和国防部長がオンライン会談を実施し、弾道ミサイルや宇宙ロケットの発射計画及び実際の発射について相互に通告する政府間協定の10年間延長に合意した。また同月、両国の爆撃機が、日本海から東シナ海、さらには太平洋にかけての長距離にわたる共同飛行を実施した。

２０２１年11月にも両国の爆撃機が長距離にわたる共同飛行を実施した。２０２１年に共同飛行を実施した中露両国機は過去２回と比べ、わが国の周辺に至る前に、中露双方の領空を相互に通過して日本海に進出したと考えられるなど飛行態様の多様化がみられた。

さらに、ロシアによるウクライナ侵略が行われている中、２０２２年５月にも両国の爆撃機が長距離にわたる共同飛行を実施し、これまでよりも遠方の太平洋における活動がみられた。

前述の２０２１年10月に実施された中露艦艇によるわが国の周回航行も含め、今後、中露両国がこのような共同行動を定期的に行い、さらに軍事的な連携を深めていく可能性がある。また、両国は、２０２０年に引き続き実施した。共同飛行の趣旨を、中露の新時代における包括的パートナーシップ関係の深化発展を目的としたものと発表している。

このように近年、中露両国は、軍事協力を急速に拡大強化しており、その結果、両軍の軍事行動には、作戦ドクトリンや運用上、類似した特性の共有化が進んでいると見ることが出来よう。

以上述べたように、ロシア軍と中国軍は共産主義革命軍としての共通項を持ち、その中で、中国軍はソ連の支援を受け、ソ連軍の組織、兵器・装備、戦い方、指揮統制、教育訓練、人事制度などに学びつつ「ソ連型の軍隊」として体制を整えてきた。

それを基盤として近年、中国軍は、ロシアから戦闘機や駆逐艦、潜水艦など近代的な兵器・装備を購入し、定期的な軍高官などの往来に加え、共同訓練・演習など行い、ロシア製兵器の運用方法や実戦経験を有するロシア軍の作戦教義などの学習を通じて、いわゆる相互運用性（interoperability）を向上させている。

つまり、中国軍は、世界の中で、最もロシア軍と類似的特性を共有している軍隊の一つである、と言うことができるのではないか。

いま、日本や台湾、そして南シナ海の周辺国は、中国の覇権的海洋侵出によって武力紛争の危機に晒されようとしている。

そこで、以上のことを踏まえ、ウクライナ戦争におけるロシア軍の軍事作戦を中心に概観しその行動について考察することは、ロシア軍と軍事的類似性を共有する中国の脅威に直面する日本や台湾などの当事国のみならず、同盟国の米国に豪・印を加えたクアッド（Quad）や周辺国にとって、中国軍の実体や実力を探り、類推・評価し、今後の安全保障・防衛戦略や政策を検討する上で、大いに意義があるものと考える。

## 第2節　ウクライナ戦争におけるロシアの軍事作戦と中国軍との関係性

### 1　大陸国家の軍事戦略とソ連型軍隊

#### （1）地上軍主体のロシア軍によるウクライナ侵攻作戦

大陸国家は、国境を挟んで周辺国と隣接している地政学的特性から、一般的に、軍事戦略目標を達成する際、積極的に海洋領域の利用を企図するよりも、地上領域を主たる軍事的活動領域とする傾向が強い。そのため、陸軍中心の軍事体制を採用するのが一般的である。

ロシアは、まさにユーラシア大陸のハートランドに位置する大陸国家であり、地上軍（陸軍）中心の軍事体制を採っている。この際、海軍及び航空宇宙軍（空軍）は、陸軍の作戦を支援する軍種として位置付けられており、ロシア軍のウクライナ侵攻作戦（ウクライナ戦争）においても地上戦が主体となった。

column

## ロシアの軍事力とロシア軍の配置

・ロシアの軍事力は、連邦軍、連邦保安庁国境警備局、連邦国家親衛軍庁などから構成される。連邦軍は、３軍種２独立兵科制をとり、地上軍、海軍、航空宇宙軍と戦略ロケット部隊、空挺部隊からなる。

・ロシアは、軍改革によって、２０１０年12月以降は、従来の６個軍管区を西部、南部、中央及び東部の４個軍管区に改編したうえで、各軍管区に対応した統合戦略コマンドをそれぞれ設置し、軍管区司令官のもと、地上軍、海軍、航空宇宙軍など全ての兵力の統合的な運用を行っている。２０１４年12月には、西部軍管区に隷属する北洋艦隊に、新たに創設した北部統合戦略コマンドの地位を付与し、北極正面の地上部隊、艦艇、航空・防空部隊を統合運用する体制を整えた。これにより「４個軍管区・５個統合戦略コマンド」という体制が続いていたが、２０２１年１月以降、北洋艦隊は独立した軍事行政区分に指定され、軍管区と同等の地位が与えられたことにより、「５個軍管区と５個統合戦略コマンド」からなる、軍令面と軍政面が一致した体制がロシア軍全体として整備された。

ウクライナ戦争におけるロシア地上部隊は、東部軍管区部隊によるウクライナ北部及び北東部国境から首都キーウへ、西部軍管区部隊による東部国境からハルキウへ、また、南部軍管区部隊によるクリミア半島からヘルソン、ザポリッジャ及びアゾフ海沿岸へ、それぞれに向けて複数正面で同時に地上侵攻を開始した。

ロシア海軍は、2014年のロシアによるクリミア半島併合時の海戦によりウクライナ海軍艦艇の凡そ7割を喪失させたことから、黒海における海上優勢（制海権）を極めて優位のうちに確保した。その上で、水上艦艇や潜水艦からウクライナの地上目標へのミサイル攻撃を実施したが、地上部隊との連携が不十分であり、又その攻撃も散発的であったことから、地上戦を有効に支援する作戦を行ったとは認め難い。

ロシア航空宇宙軍は、侵略開始当初からウクライナ軍の防空システムや航空戦力を破壊する目的でミサイルや航空機による攻撃、いわゆる「敵防空網の制圧（SEAD）」を実施したが、攻撃を徹底できず、航空優勢を確保しないまま、地上軍は地上侵攻の継続を余儀なくされた。

航空優勢の確保不徹底の理由としては、まず、ミサイル攻撃や同時複数正面からの地上軍の侵攻によりウクライナの抗戦意思を早期に削ぎ、ウクライナ軍を簡単に無力化できるとの楽観的な見積りがあった。加えて、ミサイル攻撃に当たっての偵察衛星などの標定（ターゲティング）能力の不足、

〈出典〉令和4年版『防衛白書』（防衛省）

ロシア軍の基本配置

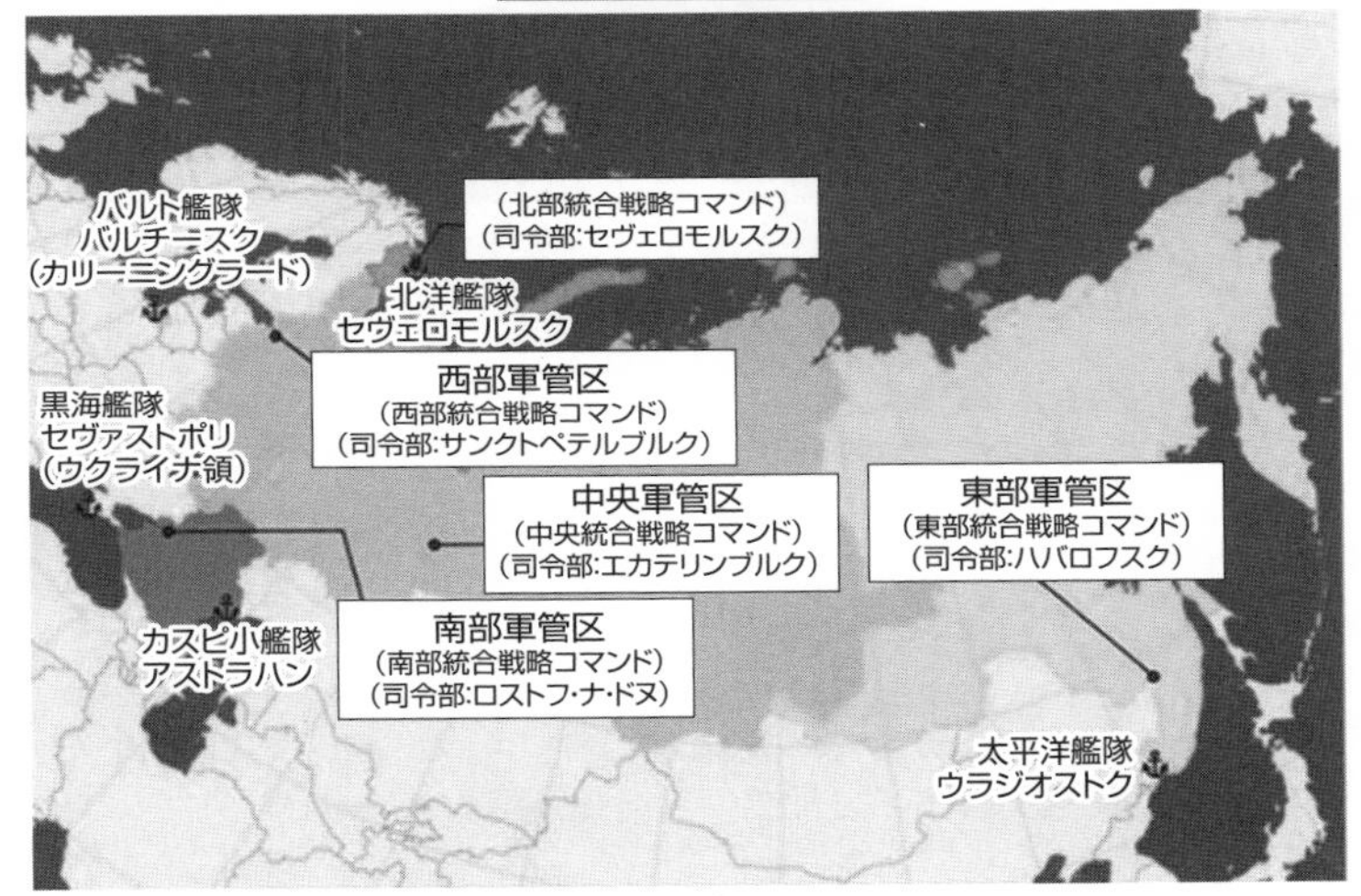


〈出典〉令和4年版『防衛白書』（防衛省）

ミサイル生産能力の制約に起因する補給能力への懸念などがあったと見られている。さらに、ウクライナ軍が、現有するソ連製地対空ミサイル（SAM）などとともに、米国やNATOから供与されたスティンガー（米国）やスター・ストリーク（英国）などの個人携帯用対空ミサイル（P-SAM）などを巧みに運用してロシア軍航空機を多数撃墜し航空宇宙軍の作戦運用に脅威を与えたことなどが指摘されている。

column

## ロシア連邦軍の航空宇宙軍

ロシアは2015年に、ロシア空軍とロシア航空宇宙防衛軍を統合し、新しい軍種として航空宇宙軍を創設した。正式にはロシア連邦軍の航空宇宙軍と呼ばれ、2015年8月1日に運用を開始した。

航空宇宙軍は、空軍、防空・ミサイル防衛軍、宇宙軍に細分化されるが、単一のコマンド（司令部）が、航空、防空、対ミサイル防衛部隊、宇宙軍及びその他の軍事手段を統合運用する。

同軍は、情報・核ミサイル早期警戒衛星の打ち上げと運用及び防空・ミサイル防衛の調整（いわゆる統合防空ミサイル防衛：ＩＡＭＤ）を担当し、通常兵器工廠とともに世界最大の空軍の一つを指揮統制する。

〈出典〉Franz-Stefan Gady, "Russia Creates Powerful New Military Branch to Counter NATO", THE DIPLOMAT, August 07, 2015 を筆者が翻訳・補正

このように、ウクライナ戦争におけるロシア軍の侵攻作戦は、地上軍による地上戦を主体に遂行されたが、これを支援する海軍及び航空宇宙軍はその役割を十分に果たすことができなかった。

これは、地上軍主体のロシア軍が、海軍及び航空宇宙軍との軍種間の協同連携、すなわち統合運用に習熟しておらず、その欠陥を図らずも実戦において露呈させたことを物語っている。

その地上軍は、軍管区ごとに大きく北、東及び南の3方向から外線作戦的にウクライナに侵攻したが、一元的な指揮の欠如から各軍管区が全く相互支援のない独立した作戦を遂行し、地上部隊の分散及び逐次投入を招いた。同時に、前述の通り、地上軍と海軍、航空宇宙軍の連携不足や地上部隊に対する海上・航空支援の不足が、ウクライナ軍及び同国境警備隊などによるロシア軍部隊の各個撃破をもたらし、ロシアによる電撃戦の失敗の大きな要因になったと見ることができる。

## （2）大陸国家・ソ連型軍隊から海洋侵出を目指す中国軍

中国もまた、ロシアと同様に、基本的に大陸国家である。その中国は、大陸国家のソ連／ロシアから軍隊の建設について学び、陸軍中心のソ連型軍隊として出発した。

中国の戦争・紛争は、１９５０年代と60年代には中印国境紛争など主として陸地の国境線をめぐって起きたが、70年代以降は南シナ海・西沙諸島でのベトナムとの戦争など、多くは海洋の国境周辺において生起している。

中国は、１９７０年代からソ連との国境画定のための協議・交渉を続け、１９９１年に中ソ国境協定を締結して地上方面における最大の課題であった同国との国境問題を解決し、陸軍を主体とする１００万人の兵力削減（１９８５年発表）に踏み切った。現在までに、インドを除き、内陸方面の国境・領土問題は一応解決している。

1980年代に入り、鄧小平の改革開放政策が進展し経済が急速に発展するに伴い、海洋方面への進出を国家的課題と定め、その先導的役割を果たす海空軍や核・ミサイル戦力などの増強・近代化へ転じた。そして現在、尖閣諸島や台湾そして南シナ海をめぐる周辺諸国との緊張が急激に高まっている。

ソ連型の陸軍国であった中国は現在、明らかに、戦略の重心を地上から海洋方面へとシフトさせ、「富国強軍」「海洋強国」を旗印に、大胆に海洋侵出を目指すようになっている。

一方、中国軍は、日清戦争（1894年7月〜1895年4月）以来、本格的な海戦や着上陸作戦（水陸両用作戦）を戦った経験がない。

つまり、グローバルな覇権拡大を狙う中国軍の課題は、従来、ソ連型の陸軍中心の軍事態勢から、陸軍兵力の削減とのトレードオフを行いながら、海洋侵出に向けて作戦領域を拡大する建国以来最大規模の軍改革、言い換えれば陸軍重視から海空軍重視へのコペルニクス的大転回を図ろうとしており、今その取り組みの成果が問われている。

例えば、

―「接近阻止・領域拒否（A2／AD）」戦略の核心である東シナ海と南シナ海の内海化・軍事的聖域化と西太平洋の制海権確保のためには、日本（南西地域）や台湾などの第1列島線国の占領・支配が欠かせないが、それは可能か？

―そのため、侵攻正面における海上・航空優勢の獲得、相手国領土への海軍陸戦隊（海兵隊）などの地上部隊の戦力投射、そして主として大量輸送が可能な海上からの兵站（後方支援）の提供が不可欠な着上陸（水陸両用）作戦能力は十分か？

―その際、特に日米台と中国双方において対艦ミサイルなどのミサイル攻撃能力が飛躍的に強化される中、ゲームチェンジャーと見られる「水中戦」能力において、優勢と評価されている日米両軍を超えられるか？

―着上陸（水陸両用）作戦に求められる「一体化統合作戦」のノウハウを確立し実戦で発揮できるか？　その際、米インド太平洋軍は海軍が統合作戦の中心的役割を果たすが、陸軍を中心としてきた中国はどの軍種がその役割を果たせるのか？

―そもそも、世界の海を支配する米海軍を排除して、将来、中国海軍はその地位にとって代わることができるか？

戦場では、「優勝劣敗」の原則が厳しく作用する。その条件の下で、中国が以上述べた具体的な課題を解決できるか否かが海洋侵出の鍵を握る。そのためには中国が掲げる「情報化戦争」「智能化戦争」といった軍事理論（戦略・作戦術・戦術）と戦場における実行動との融合的実践が強く求められるが、果たして「言うは易く行うは難し」の難題を克服できるかどうかが、日米台など関係国の大きな関心事であることに違いないのである。

## 2 「戦争に見えない戦争」を仕掛けるロシアと中国

### （1）ロシアのハイブリッド戦

#### ア ロシア連邦軍ゲラシモフ参謀総長の軍事理論

21世紀の戦争は、国家が紛争の解決を堂々と軍事的手段に訴える従来型の「見え易い戦争」から、知らないうちに戦争が始まっている外形上「戦争に見えない戦争」へと形を変えている。

この「新しい戦争」の形をはじめて実戦に採り入れたのはロシアである。その実戦とは、2014年のロシアのクリミア半島併合と東部ウクライナへの軍事介入であり、西側では「ハイブリッド戦」と呼んでいる。

2022年2月24日に始まったロシアによるウクライナへの軍事侵攻（ウクライナ戦争）も、ハイブリッド戦の延長線上にあり、この軍事理論を提唱しロシア軍を指導したのは、ウクライナ戦争でも有名になったロシア連邦軍制服組トップのゲラシモフ参謀総長である。

column

ハイブリッド戦

> 軍事と非軍事の境界を意図的に曖昧にした現状変更の手法であり、このような手法は、相手方に軍事面にとどまらない複雑な対応を強いることになります。例えば、国籍を隠した不明部隊を用いた作戦、サイバー攻撃による通信・重要インフラの妨害、インターネットやメディアを通じた偽情報の流布などによる影響工作を複合的に用いた手法が、「ハイブリッド戦」に該当すると考えています。このような手法は、外形上、「武力の行使」と明確には認定しがたい手段をとることにより、軍の初動対応を遅らせるなど相手方の対応を困難なものにするとともに、自国の関与を否定するねらいがあるとの指摘もあります。
> 顕在化する国家間の競争の一環として、「ハイブリッド戦」を含む多様な手段により、グレーゾーン事態（純然たる平時でも有事でもない幅広い状況）が長期にわたり継続する傾向にあります。（括弧は筆者）
> 〈出典〉令和2年版『防衛白書』（防衛省）

ゲラシモフ参謀総長は、2013年2月に「予測における科学の価値」（『軍需産業クーリエ』、2013年2月27日付）というタイトルの論文を発表した。

同論文で彼は、次のように述べている。

21世紀には近代的な戦争のモデルが通用しなくなり、戦争は平時とも有事ともつかない状態で進む。戦争の手段としては、軍事的手段だけでなく非軍事的手段の役割が増加しており、政治・経済・情報・人道上の措置によって敵国住民の「抗議ポテンシャル」を活性化することが行われる。

そして、21世紀の戦争では、非軍事的手段と軍事的手段との比率が概ね4対1になるとし、非軍事的手段の役割が大きくなると強調している。

このように、ゲラシモフ参謀総長は「戦争のルールが変わった」と指摘しており、いわば「新しい戦争」の形としての「戦争に見えない戦争」の到来を告げたのである。

その後、2014年にプーチン大統領が承認した「ロシア連邦軍事ドクトリン」は、前年のゲラシモフ論文の考え方を踏まえて作成されたと見られている。

「ロシア連邦軍事ドクトリン2014」では、政治的、外交的、法的、経済的、情報その他の非攻撃的（非軍事的）性格の手段を使用する可能性が尽きた場合にのみ、自国及びその同盟国の利益のために軍事的手段を行使するとの原則を固守するとし、最終手段としての軍事とその他の手段との連続性を示唆している。そして、同ドクトリンでは「現代の軍事紛争の特徴及び特質」と題して8項目を挙げ、ハイブリッドという言葉こそ使っていないが、ハイブリッドな戦い方が現代戦の特色であることを強調している。

「現代の軍事紛争の特徴及び特質」の項目を時系列的にまとめると、次のようになろう。

■平時・戦時の境目のない戦い→ハイブリッド戦

①軍事力、政治的・経済的・情報その他の非軍事的性格の手段の複合的な使用による国民の抗議ポテンシャル（相手国民への宣伝戦・情報戦・心理戦による影響工作）と特殊作戦（リトル・グリーン・メン）の広範な活用

②政治勢力、社会運動に対して外部から指示及び財政支援を与えること

③敵対する国家の領域内において、常に軍事活動が行われる地域を作り出すこと

■軍事活動への短時間での移行

④非軍事的活動から軍事活動へ移行するまでの準備時間が短少であること

■軍事活動

⑤グローバルな情報空間、航空・宇宙空間、地上及び海洋において敵領域の全縦深で同時に活動を行うこと（マルチドメイン作戦／「情報化戦争」・「智能化戦争」）

⑥精密誘導型兵器及び軍用装備、極超音速兵器、電子戦兵器、核兵器に匹敵する効果を持つ新たな物理的原理に基づく兵器、情報・指揮システム、無人航空機及び自動化海洋装置、ロボット化された兵器及び軍用装備の大量使用（技術的優越／先進的兵器）

⑦垂直的かつ厳密な指揮システムからグローバルな部隊及び指揮システムネットワークへの移行による部隊及び兵器の指揮の集中化及び自動化

⑧軍事活動に非公式の軍事編成及び民間軍事会社が関与すること

（以上、括弧は筆者）

つまり、「新しい戦争」の特徴・特質は、まず、純然たる戦時と認定しがたい条件の範囲内で、軍事的手段と非軍事的手段を複合的に使用し、相手に知られないうちに外形上「戦争に見えない戦争」を仕掛け、それによる可能性が尽きた場合には一挙に軍事活動へと移行し、最終的に最先端技術・兵器を駆使したマルチドメイン作戦による軍事活動をもって戦争の政治的目的を達成することにあると言えよう。

ロシアは、グルジア（ジョージア）のバラ革命（2003年）やウクライナのオレンジ革命（2004年）、キルギスのチューリップ革命（2005年）など旧ソ連邦国家やアラブ諸国の民主化や自由を求める運動を西側による体制転換の脅威として非難しているが、むしろそれを逆手にとり、実際にウクライナやシリアで「新しい戦争」を展開しているのはロシアの方である。

そこで、2014年のクリミア併合・ウクライナ東部紛争とそれに連なる2022年のウクライナ戦争における、ハイブリッド戦の実態について概観してみよう。

## イ　ロシアのハイブリッド戦の実態

### （ア）2014年のクリミア併合とウクライナ東部紛争

2014年2月、親露派のヤヌコビッチ政権が崩壊したウクライナ政変（マイダン革命）と同時に、ウクライナ南部のクリミア自治共和国では、ロシア軍の特殊部隊リトル・グリーン・メン（LGM）とみられる武装勢力が、同共和国の地方政府庁舎と議会の建物を占拠するとともに、空港やウクライナ本土に通じる幹線道路及び主要なウクライナ軍の施設などを掌握した。クリミア自治共和国を事実上支配下に置いたロシアは、同年3月、同共和国においてロシア編入に向けた見せかけの「住民投票」を実施し、その結果を受けてクリミアを違法かつ一方的に「併合」した。

この間、ロシアは国籍を隠した不明部隊を用いた作戦に加え、通信・重要インフラへのサイバー攻撃、インターネットやメディアを通じた虚偽情報の流布などによる影響工作などを組み合わせた作戦を遂行し、軍事と非軍事の境界を意図的に曖昧にした現状変更の手法、いわゆる「ハイブリッド戦」を採用して、ウクライナ暫定政権に軍事面に止まらない複雑な対応を強い、武力衝突に至ることなくクリミアの併合を成し遂げた。

他方、同年4月には、ウクライナ東部において、親露派武装勢力などによるウクライナ暫定政権への抗議活動や攻撃が活発化し、地方政府庁舎などの建物が占拠された。これに対しウクライナ暫定政権は、このような事態にロシアが関与しているとして非難するとともに、軍などを投入して対処したが、事態の解決には至らなかった。

同年5月には、ウクライナ東部のドネツク州及びルハンスク州の一部において、親露派武装勢力の管理下で自治権拡大の賛否を問う「住民投票」が行われた。その後もウクライナ新政権と親露派武装勢力との交渉が整わなかったことから、ウクライナ軍は、ロシアの直接的な介入とみられる各種支援を受けた親露派武装勢力との間で戦闘を継続した。

この間、ロシアは、サイバー攻撃を重視しつつ政治戦、外交戦、法律戦、経済戦、情報戦、その他の非軍事手段を駆使した。同時に、親露派武装勢力と一体化した特殊部隊（ＬＧＭ）によるゲリラコマンド攻撃、同勢力への武器・装備等の提供、空挺部隊やＴ－72戦車などによる直接攻撃、航空攻撃やロシア領内からの国境越えの砲撃等の火力支援を行ったと見られている。

このように、ロシアは、作戦の全体を通じ、ウクライナにロシア軍は存在しないとの立場を主張しつつ非軍事的手段と軍事的手段を組み合わせたハイブリッド戦をもってウクライナ東部紛争に介入した。

column

## ミンスク合意（２０１４年９月）

同年9月及び２０１５年2月には、欧州安全保障協力機構（ＯＳＣＥ）、ロシア、ウクライナの三者が和平に向けて「ミンスク合意」を結んだが、その後も、当該合意に定められた事項の多くにおいて履行の進捗が見られないまま散発的な戦闘が続き、併行してハイブリッド戦を展開しつつ、２０２２年2月のロシア軍によるウクライナ侵攻（ウクライナ戦争）へと拡大した。

なお、２０１４年4月以降、本紛争に伴う死亡者が1万人を超えたと報告されている。

ミンスク合意は、次の12項目からなる。
①双方による武器の即時使用停止、②武器の使用停止を欧州安全保障協力機構（OSCE）が監視、③ドネツク及びルハンスク州の特別な地位（自治権の付与）に関する法律を採択、④ウクライナとロシアとの間に安全地帯を設置し、OSCEが監視、⑤全捕虜の即時解放、⑥ドネツク及びルハンスク州事案に関連する起訴・科刑を禁止、⑦包括的な全国民的対話の継続、⑧ドンバスにおける人道状況改善施策の実施、⑨ドネツク及びルハンスク州の前倒し選挙の実施、⑩ウクライナ領内の不法武装勢力・戦闘員・傭兵の撤退、⑪ドンバスの経済復興及び社会生活再建の計画立案、⑫本協議参加者の個人の安全を保証。（括弧は筆者付記）
〈出典〉令和3年版『防衛白書』

### （イ）2022年のウクライナ戦争

前述の通り、「ロシア連邦軍事ドクトリン2014」は、政治的、外交的、法的、経済的、情報その他の非攻撃的性格の手段を使用する可能性が尽きた場合にのみ、最終手段として軍事的手段を行使するとの原則を明らかにしている。

ロシアは2014年以降、ウクライナに対してハイブリッド戦を継続的に仕掛けてきた。しかし、それをもって最終の政治目的が達成できなかったことから、直接軍事行動へ移行するタイミングと見てウクライナへの軍事侵攻を開始した。それが2022年のウクライナ戦争であり、2014年の紛争と2022年の戦争は、ゲラシモフ軍事理論の文脈における連続一体的な動きに他ならない。

### 〈ウクライナ戦争約1年前からの情勢〉

ウクライナ戦争の約1年前の2021年3月から4月にかけて、ロシアは、ウクライナ国境周辺及び違法に併合したクリミア半島において、多数の兵力を集結させ、同半島における着上陸・対着上陸対抗演習を含む大規模な演習を実施していた。

同年3月下旬以降、ロシア軍は、南部軍管区及び西部軍管区における戦闘準備態勢検閲を実施し、また、終了に際しては、戦闘準備態勢検閲に参加した中央軍管区部隊の装備を残置し、ウクライナ国境周辺におけるロシア軍の展開準備態勢の強化が図られた。

これは、クリミアの水源の確保やウクライナ東部のドネツク州及びルハンスク州の支配地域拡大を狙った、2022年のウクライナ侵攻を予期したロシア軍の作戦の布石と見られている。

その後も、ロシアは、ウクライナ及び米国やNATOなどの支援国に対する圧力の強化とみられる各種の活動を継続した。そして、同年7月、プーチン大統領は「ロシア人とウクライナ人の歴史的一体性」と題する論文を公表し、ウクライナがロシアとは別個の自立した国民国家として存在することを否定する独自の主張を展開した。

この動きに対抗するかのように、ウクライナは、ウクライナ・米海軍共同演習「シー・ブリーズ2021」、ウクライナ・米陸軍共同演習「ラピッド・トライデント2021」などを、NATO諸国を主体とする多数の参加国とともに実施した。

2021年秋以降、ウクライナを巡る軍事的緊張が一段と高まった。

米国や英国の情報当局は、同年9月の戦略演習「ザーパド（西）2021」（括弧は筆者）への参加を名目に、同年春にウクライナ国境周辺に残置された中央軍管区部隊の装備が帰投していないことから、ロシア軍が2022年初頭にウクライナへ侵攻する可能性があるとの見積り・評価を明らかにし、その後、ロシアのウクライナ侵略に関連する情報や分析を積極的に開示した。

ロシアは、ウクライナへの侵攻の可能性に関する米国など関係国の指摘を一貫して否定する一方、ウクライナをはじめとする旧ソ連諸国のNATO新規加盟を認めないと主張することで、米国とNATO加盟国に対し、事実上、旧ソ連邦諸国をロシアの「勢力圏」として承認するよう要求した。

2022年1月以降、ロシアは、これに関連する外交交渉を米国及びNATOと実施しつつ、ロシア海軍の全艦隊が参加する演習や、鉄道輸送などにより極東からベラルーシへの東部軍管区部隊主力の展開、「同盟の決意2022」演習、戦略核戦力を運用する部隊のほか、「カリブル」や「イスカンデル」といった通常弾頭型の対地ミサイル戦力も参加した戦略抑止力演習を相次いで実施し、地域における軍事的緊張を一層高めるとともに、これらの演習を、ウクライナ周辺への兵力結集の契機として用いた。

米国などの関係国は、ロシアの軍事侵攻が切迫していることを警告しつつ、外交努力によりロシアに緊張緩和を求めるとともに、武器の供与や情報提供など、ウクライナへの部隊の派遣以外の手段により、ウクライナを支援する姿勢を示した。

当時、北のベラルーシ、東のロシア及び南のクリミア半島には120個大隊戦術群（BTG、細部は左記【コラム】参照）、約17～19万人規模のロシア軍が集結しているとされ、ウクライナに対する全面侵攻が可能な状態にあるとみられていた。

ウクライナは、自国国境周辺及びクリミア半島におけるロシア軍の増強を受け、2022年1月に予備役を主体とし、常備軍を補完する地域防衛軍（全国25個旅団）の編成を開始したほか、同年2月9日にロシア・ベラルーシ共同演習「同盟の決意」への対抗措置として指揮参謀部演習「ザメチーリ2022」を全土で開始し、ロシア軍の侵攻に備えた。

column

**大隊戦術群（Battalion Tactical Group：BTG）**

機動に任ずる1個自動車化狙撃兵（機械化歩兵）大隊（2～4個中隊で構成）を基幹として、1個戦車中隊のほか、本来は上級部隊である師団又は旅団に属する砲兵や多連装ロケットを大幅に増強（3個中隊以上）したロシア軍の諸兵科連合部隊。

任務に応じて工兵、防空及び後方支援部隊を追加するなど、柔軟に編成され、600～

1500人規模とされる。
BTGは、チェチェン紛争及びジョージア紛争の経験に基づき、軍の即応性や火力支援を高める目的で導入された部隊編成方式であり、2021年8月現在、ロシア軍全体で168個BTGが運用可能とされる。
〈出典〉令和4年版『防衛白書』（防衛省）

**〈ウクライナ戦争の勃発〉**

2022年2月24日、ロシアは、「ドネツク人民共和国」及び「ルハンスク人民共和国」の住民保護を目的にウクライナを武装解除する「特別軍事作戦」を実施すると宣言し、同国に対する全面的な軍事侵攻、いわゆるウクライナ戦争を開始した。

なお、ロシアのウクライナ侵攻における軍事作戦の経過や問題点・課題などについては、この後の項で詳しく述べることとする。

## （2）すでに始まっている中国による日本・台湾などへの「戦争に見えない戦争」

以上、ゲラシモフ軍事理論及びそれを反映した「ロシア連邦軍事ドクトリン2014」に沿って、ロシア軍がウクライナへ侵攻するに至った経緯について概観した。

中国の習近平国家主席は、毛沢東主席の他に、ロシアのプーチン大統領をロール・モデルにしていると言われている。そして、最近ロシアとの軍事的接近を強めている中国が、従来と形を変えた「新しい戦争」を描くゲラシモフ軍事理論や「ロシア連邦軍事ドクトリン２０１４」に関心を示さない筈はないのである。２０１４年のクリミア半島併合とウクライナ東部への軍事介入、そして２０２２年２月に勃発したウクライナ戦争などの実戦で採用された「ハイブリッド戦」に代表されるロシアの軍事ドクトリンは中国にとって格好の教材である。

習主席は、中国のシンクタンクにその研究を命じ、その成果が、『孫子』の伝統と２人の軍人によって提唱された「超限戦」の思想と相まって、台湾統一戦略や尖閣諸島・南シナ海などへの海洋侵出戦略に大きな影響を及ぼし、それに沿って中国の日本や台湾などへの「戦争に見えない戦争」はすでに開始されているのである。

このように、中国の「戦争に見えない戦争」はゲラシモフ軍事理論との共通性を有しており、その実態については、論旨の展開上、第２章の本論において、改めて項目を起こし詳しく述べることとする。

# 第3節　ウクライナ戦争から中国は何を学んだのか

## 1　西側社会の結束によるロシアの弱体化と孤立

ウクライナ戦争において、米国は、ウクライナがＮＡＴＯの加盟国ではなく「集団防衛」の対象ではないことに加え、ロシアが核威嚇を実際に行使し、さらに核攻撃へとエスカレートするリスクがあるとの見通しから、紛争が欧州戦争あるいは第３次世界大戦へと全面的に拡大することを恐れて直接的な軍事介入の選択肢を排除した。

その代わりに、ＮＡＴＯ及びＧ７を中心として西側社会を結束させ、経済・金融制裁を主戦場としてロシアを弱体化させる一方、米国や英国などのＮＡＴＯに加え、ロシアの脅威に晒されている周辺国が、ウクライナに対し大規模な兵器供与や情報提供などの軍事支援を行って防衛力を強化している。

しかし、そのような協力支援関係は、一朝一夕にできるものではない。

### （1）ＮＡＴＯのウクライナ支援

ウクライナは、２０１９年2月の憲法改正により、将来的なＮＡＴＯ加盟を目指す方針を確定させた。

2000年2月に策定された「軍事力整備計画」では、NATO軍標準化とコンパクトで機動性に富んだ部隊編成を目指すこととした。それ以来国防省は、NATOの支援を受け、同計画に基づき機構改革、部隊改編、兵力の削減、老朽化した装備品の用途廃止などの軍改革を推進してきた。また、2002年から2003年にかけてNATOの協力を得て国防計画の見直しが行われ、2004年6月に今後の軍改革の方向性と最終的な目標を明示した「戦略国防報告」が公表された。2005年には、「2006年から2011年までのウクライナ軍発展国家プログラム」が策定された。

NATOによるウクライナ軍に対する教育訓練の取り組みは、2008年にロシアがグルジア（ジョージア）に侵攻したロシア・グルジア戦争を契機として開始された。この取り組みには、米国や英国、カナダ、ポーランド（1999年加盟）、ルーマニア（2004年加盟）などNATO加盟の8か国が参加し、従来のソ連型軍隊からNATO（欧米）型軍隊へシフトする支援を行ってきた。

さらに、2013年には「2017年までのウクライナ軍改革・発展段階」が策定され、完全職業軍人化の他、指揮統制システム、装備、教育訓練等の分野における軍改革が段階的に推進された。なお、完全職業軍人化については、2013年秋をもって一旦徴兵制が廃止された。

しかし、ウクライナでは、2014年のロシアのクリミア半島併合とウクライナ東部に対する軍事介入によって一挙に情勢が悪化した。

そのため、ウクライナは、一時的動員を定期的に実施しつつ、2014年に徴兵制を復活させるなど、国防力の強化に努めてきた。その一環として、２０１９年２月の憲法改正により、将来的なＮＡＴＯ加盟を目指す方針を確定させた。

そして、現ゼレンスキー大統領（任期：２０１９年５月20日〜）は２０２０年９月、ＮＡＴＯの加盟を目的とするＮＡＴＯとの独自のパートナーシップの発展を規定した新国家安全保障戦略に署名した。

このように、21世紀が始まる前後から、ウクライナはＮＡＴＯ加盟国及びパートナー国などの協力支援を受け、ＮＡＴＯ軍標準化への軍改革を目標に安全保障・国防の強化に努めてきた。

## （２）Ｇ７のウクライナ支援

近年、ウクライナ国防省が優先的に取り組んできた課題は、①２０１４年以降、紛争が続いてきた東部地域における武装勢力などへの対応と、②ウクライナ軍のＮＡＴＯ軍標準化に向けた軍改革であった。

これらの支援の中核となっているのが、ＮＡＴＯ加盟国などに加え、２０１５年にドイツ・エルマウで行われたＧ７サミットにおいて、当時のメルケル首相の提唱を受けて合意された「Ｇ７大使ウクライナ・サポート・グループ」（G7 Ambassadors' Support Group on Ukraine）という枠組みである。

この枠組みは、Ｇ７サミット議長国の在ウクライナ大使が議長となり、Ｇ７大使グループが定期的に会合して改革に向けた支援のあり方を協議し、ウクライナ政府の改革を支援するとともに、様々な制度や政策のあり方につきウクライナ政府と緊密に協議を重ねてきた。活動の対象は、司法改革支援、法執行機関改革、経済・財政政策、投資環境整備、軍産複合体改革など、広範多岐にわたっている。

「G7大使ウクライナ・サポート・グループ」は、2022年1月に2022年の活動計画を発表した。

その冒頭、G7メンバーは、自由、民主主義、法の支配、人権についての共通理解を有するウクライナのパートナーであり、ウクライナの独立、主権、領土一体性を引き続き一貫して支持していくと述べている。

具体的な課題リストでは、「公正で強靱な機構」（裁判改革、汚職対策、効果的なガバナンスと機構）、「繁栄した経済」（経済発展、グリーン移行とエネルギー分野改革）、「安全な国」（安全保障・国防分野、治安システム）の三つの主要な改革方向性での詳細な具体的課題を提示した。

中でも、安全保障・国防分野の強化は重要な課題であり、特に米国や英国を中心に、装備品の供与、教育・訓練支援、戦傷者に対する医療支援、軍改革に係る助言等の各種支援を行っている。

このように、お互いに実際に助け合わなければ信頼も生まれない。平素からの同盟国や友好国との地道な関係強化が、危機時あるいは紛争発生時に「まさかの時の友こそ真の友」として掛け替えのない役割を果たすのである。

2022年8月のペロシ米下院議長の訪台については、中国の反発を強め「新常態（ニューノーマル）」移行への危機を誘発させたとの批判もある。しかし、ペロシ氏の訪台には各国の指導者に訪台や台湾との関係強化を促す隠れた狙いがあったと見られる。

それを契機に、台湾問題が国際社会で大きくクローズアップされるようになり、日本、米国、フランス、ドイツ、EU、バルト3国など日米欧の議員団やオーストラリアのアボット元首相などが続々と台湾を訪問し、以前に比べて国際社会との関係が多角的に強化される方向にある。

ウクライナ戦争において、西側が結束を再確認し、ウクライナに対して外交、経済、軍事など様々な面における支援を提供したように、台湾有事には、同じような動きが強まることが大いに期待される。

一方、ウクライナ戦争で存在感を増したNATOやG7をはじめとする国際社会によるロシア包囲網が強まっていることに鑑み、中国は自国の「孤立化」について一段と警戒を強めざるを得ない状況に置かれるのは間違いない所であろう。

以下、ウクライナ戦争が中国に及ぼす影響について、軍事的側面を中心に述べることとする。

## 2　情報戦とサイバー戦の攻防――その有用性・効果と限界

### （1）情報戦

ウクライナ戦争では、虚実入り交じった様々な情報が飛び交っている。それは、「虚実の戦い」といわれる情報戦の本質を物語る一方、彼我双方は情報戦を成り立たせるために、軍事情報通信を除き、相手方の情報通信ネットワークを維持しておくのが一般的である。

その中で、ロシアの情報戦は、強権主義・独裁国家の特性を反映した「虚」すなわち嘘や偽り（虚偽）、言い換えればフェイク（虚偽情報、捏造）あるいはナラティヴ（作り話、フィクション）、プロパガンダ（政治宣伝）などを重用したものである。

その例は、ロシア側メディアによる侵攻直後の「ウクライナのゼレンスキー大統領が逃亡した」との報道、プーチン大統領の「ウクライナは、私たち（ロシア）の独自の歴史、文化、精神世界から切り離すことのできない一部分だ」との発言、「現在、ドンバスで起きているのは集団殺害だ」やウクライナをネオナチスと見立てた「ウクライナの非ナチ化」宣言、戦争ではなく「特別軍事作戦」だとの主張、「ドネツク人民共和国」・「ルハンスク人民共和国」・ヘルソン州・ザポリージャ州で見せ掛けのかつ不法な「住民投票」の実施、編入条約署名前の「4地域の編入は住民の意思だ」との演説など、枚挙にいとまがない。

また、ウクライナ東部の親露派支配地域で複数のインフラ施設を爆破するなどの破壊工作を自作自演し、ロシアは開戦の口実を作るための「偽旗作戦（false flag operation）」も実行した。

さらに、ウクライナ軍が南部ヘルソン州で反転攻勢を強める中、ロシアのショイグ国防相は2022年10月23日、米国のオースティン国防長官のほか、英、仏、トルコの国防相と相次いで電話会談を行い、ウクライナが「汚い爆弾（dirty bomb）」を爆発させる恐れがあるとするロシアの主張を伝えた。

これに対し、米英仏の外相は、ロシアの「見え透いた虚偽の主張」を拒否すると表明した。ウクライナのゼレンスキー大統領は、ロシアが自作自演で「汚い爆弾」を爆発させ、ウクライナが実施したと偽る「偽旗作戦」を計画している兆候との見方を示した。そして、西側諸国は、ロシアが事態のエスカレーションの口実を作るために、放射性物質をまき散らすことを企図して「汚い爆弾」を使用しようとしていると非難した。

しかし、ロシアの情報工作は、電話会談や国連安保理で取り合ってもらえず、緊張をあおり、ウクライナの信用を失墜させて欧米に支援の再考を促すことと、事態のエスカレーションの口実作りを狙った情報戦は事実上失敗に終わり、むしろ国際社会でのロシアへの不信感が強まる一方となった。

このようにロシアは、「でっち上げ」や「自分たちがやったこと、あるいはやろうと考えていることを、他者がやっている（やろうとしている）として非難する」（以上、ブリンケン米国務長官、括弧は筆者）などの手法を用いて、「虚」によって「実」を撃ち、相手を自己の思惑通り自在に動かそうとする情報戦を展開している。

column

**「汚い爆弾（dirty bomb）」**

通常兵器に放射性物質を混入し、放射性物質による汚染を広範囲に拡大させることを目的とする兵器。

例えば、劣化ウラン弾は、本来は高い貫通力に着目して開発されたものであるが、劣化ウランに含まれる微量の放射性物質（234Uなどのα放射体）が飛散し、吸入摂取した場合の健康被害の可能性が指摘されており、これも広義には汚い爆弾の一種と見られている。

〈出典〉各種資料を基に筆者作成

一方、ウクライナや欧米諸国の情報戦は、民主主義国家の特性を反映した「実」すなわち事実にもとづく情報戦を基本としている。

例えば、ゼレンスキー大統領は、自身が投降または国外逃亡したというフェイクニュースを「私はここにいる。われわれは武器を置かず、祖国を守る。真実こそがわれわれの武器だからだ」とSNS（フェイスブック）に投稿した動画を通じて否定し世界に向けて発信した。また、ロシアが否定する「ブチャの大虐殺」については、誰もが確認できる衛星写真を根拠にロシア軍の行為とその残虐性・国際法違反を訴えた。また、刻々と変化する戦況についても、ロシア軍に自国軍の行動の詳細を察知されないように部隊保全に慎重に配慮しつつ、同様の手法で随時情報を発信して国際社会の理解と協力を得ている。

他方、ウクライナの情報戦は、米英などの協力によって支えられている。ロシア側の情報通信が米国によって傍受把握され、それがウクライナにも提供され、かつメディアに公表されて、ロシア侵攻を警告するための情報戦に、積極的に活用されていたことが判明している。

今回米国は、２０１４年のクリミア併合等を抑止できなかった反省を踏まえ、国防省、国務省、エネルギー省、財務省など関係省庁のエキスパートを集め、省庁横断のウクライナ戦争のシナリオを検討するため、大統領直轄でサリバン大統領補佐官（国家安全保障担当）が仕切る「タイガーチーム（Tiger Team）」を創設した。そして、機密情報の「格下げと共有（Downgrade and Share）」あるいは「開示による抑止（Deterrence by Disclosure）」と呼ばれる戦略を採用した。

本戦略は、従来なら外に出せない機密情報の機密レベルを引き下げて、情報を積極的に事前公開することで紛争を抑止し、方向づけをするという発想である。米国は、「情報コミュニティ」による広範かつ精緻な情報を基に、ロシアの行動を先読みし、その行動に先回りして国際社会に情報を発信し、ウクライナをはじめ関係国に警告を発するとともに、ロシアに揺さ振りを掛けている。その結果、ロシアは躊躇し、主導性を奪われて後手に回り、ウクライナ等に対応の暇を与えるとともに、国際社会から厳しい非難を浴びることとなった。

それは、情報統制やプロパガンダを常用する専制主義・強権主義国家の閉鎖的な情報空間と、報道や言論の自由を基本とする民主主義国家の開放的な情報空間との違いでもある。

それが故に、ロシアの情報戦は、閉鎖的な情報空間の国内では一定の効果を発揮することが出来る。しかし、国外の情報空間には、偵察衛星によって地球を俯瞰（ふかん）できる宇宙からの情報、勇敢な戦場カメラマンやＢＢＣ・ＣＮＮなどの記者による戦争報道、あるいはオープンソース・インテリジェンス（ＯＳＩＮＴ：ソーシャルメディアの投稿や航空機のフライト追跡データー、衛星画像といったさまざまなオープンソースの断片情報を繋ぎ合わせた官民による情報活動）の成果などがＳＮＳ上に掲載されている。このように比較的正確かつ時間をおくことなく情報を共有できる情報化の発達した開放的な情報空間のある国際社会では、国内とは違って簡単に相手を騙したり、ごまかしたりすることが出来ず、かえって悪意を悟られることとなり、国内外で矛盾を生じる場面が多くなっている。

一方、ウクライナや欧米諸国の情報戦は、事実に基づく情報発信を基本としていることから、グローバル社会の中でその客観性を評価される割合が高く、国内外で受け入れられ易くなっている。

その結果、「ウクライナは正義、ロシアは悪（侵略者）」の国際世論があらまし形成され、ウクライナ戦争における情報戦は、概してロシアは失敗、ウクライナや欧米諸国は成功とみなされており、いずれが世界各国からの共感や信頼を多く獲得し、国際社会の動向に影響を及ぼしているかは明らかであろう。

**〈中国への含意〉**

翻って中国は、共産党一党独裁体制の中、２０２２年秋の第20回共産党大会で、事前の予想に反し習総書記（国家主席）の党での核心的な地位と思想の指導的な地位を確立するという「二つの確立」が「党規約」に盛り込まれることはなかった。しかし、習総書記の党での核心的な地位を擁護することを党員の新たな義務に加えるなど、同総書記の「一強」体制が一段と固まり、その一言ですべてが決まる「独裁」に移行するとの見方が強まっている。

習主席の中国は、その就任以来、国内では言論・情報統制やプロパガンダを一段と強化し、国外では、孫子の心理戦や詭道の忠実な実践者として、情報戦を重視した「輿論戦」、「心理戦」および「法律戦」の「三戦」を軍の政治工作の項目に加えたほか、それらの軍事闘争を政治、外交、経済、文化、法律など他の分野の闘争と密接に呼応させるとの方針を掲げ、「情報化戦争」「智能化戦争」を展開するとしている。

言うまでもなく、中国の情報戦の主対象は、ロシアと同じように米国や日本、台湾などの民主主義国である。

「独裁」の習総書記は、第20回党大会閉幕後の第20期中央委員会による第1回総会（1中全会）で、最高指導部を構成する政治局常務委員の多くを同総書記に忠実と見られる側近や腹心で固めた。そのため、「縁故主義」「隷属主義」を共有するプーチン大統領と同じように、取り巻きのイエスマンによる都合の良い情報しか届かないなどの弊害が生じ、習総書記の独善性が一層強まって戦略判断を狂わす恐れが大いに有り得る。そのことが、日米や台湾、そして周辺国・関係国に対し大きなリスクを負わせる要因になると懸念されるのである。

このような事情を背景に、中国の課題は、グローバル社会・情報化社会の情報戦において、国内外の情報戦ギャップが生じるのを避けられないことである。

中国は、ロシアとウクライナ・西側諸国との情報戦から多くのことを学んでいると見られ、今後、そのギャップを埋めることが出来るかどうかが中国の情報戦の成否を左右しよう。しかし、ロシアより言論・情報統制やプロパガンダを徹底強化している「習近平の中国」には、「プーチンのロシア」の情報戦以上に失敗に帰する危い可能性が潜んでいると言えるのではなかろうか。

### (2) サイバー戦

ロシアによる2014年のクリミアの併合と東部ウクライナへの軍事介入では、軍事行動に先立ち、あるいはそれと同時に大規模なサイバー攻撃と電子攻撃（攻撃的電子戦）が行われた。

クリミア併合でのロシアは、リトル・グリーン・メン（LGM）と呼ばれるロシア軍のスペツナズ（Spetsnaz、ロシア語で特殊部隊）を用いた特殊作戦と連携して、通信・重要インフラへのサイバー攻撃を行った。

また、東部ウクライナへの軍事介入の初期段階では、情報の窃取および政府や軍のC4I系統の混乱等を主に狙ったサイバー攻撃が行われた。

２０１５年の停戦以降、ウクライナ国内が比較的安定してくると、ロシアおよび親露派武装勢力の占領地域と紛争地域のほか、ウクライナ全体に影響するような社会インフラ、統治機構等の混乱を目的とした大規模かつ広範なサイバー攻撃が行われるようになった。

ウクライナは、電力・送電網、鉄道システム、政府の各省庁、国の年金基金や病院、地下鉄、ガソリンスタンド、チョルノービリ（チェルノブイリ）原発の放射線監視システムなどに対するサイバー攻撃によって、社会インフラに壊滅的な被害を受けた。あたかも、サイバーテロで全米が大混乱する姿を描いた人気アクション映画「ダイ・ハード４・０」を彷彿とさせる事態がウクライナでは頻発した。

これらの苦い経験を教訓として学んだウクライナは、以来、防衛力強化のため、ＮＡＴＯ軍標準化を目指した国防省及び軍の機構改革を加速し、米国、英国、カナダなどの教育訓練支援のもと、サイバー戦や電子戦を含め軍の能力強化に取り組んできた。

ウクライナ国防省は、外部の有志参加者を募り、その支援を得てロシアへのサイバー攻撃・防御を任務とする官民を問わない「ＩＴ軍」を組織し、サイバー・電子戦などの分野でロシアに対抗する体制を整備した。

同省は、ウクライナで数々のサイバーセキュリティ企業を創設したサイバーセキュリティの専門家であるイェゴール・アウシェフ氏に対ロシア防衛のためハッカー部隊のとりまとめを打診した。

同氏は、地下のハッカーたちやセキュリティ専門家たちに支援を呼びかけ、サイバー義勇兵として集め「ＩＴ軍」の組織化を助けた。このように、ウクライナのサイバー戦は、民間人・民間企業の協力支援に負うところが大きい。

その結果、２０２２年2月の軍事侵攻前から始まったロシアによるサイバー攻撃や電子戦は、米国、英国、カナダなどの協力支援を受けつつ、ウクライナ軍のサイバー攻撃・防御能力の発揮によって事前に予想されていたほどの効果を発揮しなかったと見られている。

一方、4月1日の『タイムズ』紙によると、ウクライナがロシアの侵攻に対して防衛準備態勢を強化していた際に、軍関係と核関連の施設を中心に、キーウ（キエフ）の６００以上のウェブサイトが中国からと見られる数千回のサイバー攻撃を受け、その攻撃の目標・担当部隊・攻撃要領等の調整に中国政府が関与していたとウクライナの保安省は述べている。攻撃は北京冬季オリンピック終了直後から始まり、2月23日のロシアの機甲部隊が国境を侵犯する直前にピークに達した。

これが真実とすれば、中国はサイバー攻撃により、ロシアのウクライナ侵攻を支援していたことになる。その中心はキーウ、その目的はウクライナ側の防衛準備態勢の攪乱にあったとみられる。

**〈中国への含意〉**

中国は、２０１6年末までに創設した「戦略支援部隊」にサイバー戦、電子戦及び宇宙戦を統括させている。サイバー領域について中国は、サイバーセキュリティを「中国が直面している深刻な安全保障上の脅威」であるとし、中国軍は「サイバースペース防護能力を構築し、サイバー国境警備を固め、クラッカー〈クラッキング〈悪意を持ったハッキング〉を行う者〉を即座に発見して防ぎ止め、情報ネットワークセキュリティを保障し、サイバー主権、情報安全と社会安定を揺るがすことなく守る」と表明している。

現在の主要な軍事訓練には、指揮システムの攻撃・防御両面を含むサイバー作戦などの要素が必ず含まれているとの指摘がある。また、中国の武装力の一つである民兵の中には、サイバー領域における能力に秀でた「サイバー民兵」も存在すると見られている。

中国は、日本をはじめ、米国や台湾などに対し平時から常態的にサイバー攻撃を仕掛けているのは周知のところであり、ウクライナ戦争におけるサイバー攻撃に見られるように、サイバー攻撃を「A2／AD」戦略を通じた戦争目的達成の重要な手段として使用するすることは間違いない。

一田和樹「国家別サイバーパワーランキングの正しい見方」（ニューズウィーク日本版、2021年7月15日号）の「サイバーパワーレポート別ランキング」（次頁図）が示すように、現段階で、米国のサイバー戦能力は中国にやや先行しているが、中国の激しい追い上げを受けている。両国はロシアより強力である一方、日本が米中露から後れを取っているのは否定できない事実のようであり、現状では中国より劣勢に立たされ、そのサイバー攻撃の脅威によって重大な影響を被る恐れが大いに懸念される。

それを踏まえ、わが国は、同盟国のアメリカ及び豪、印で構成するクアッド（Quad）をはじめ、

**サイバーパワーレポート別ランキング**

| 順位 | Cyber Capabilities and National Power | National Cyber Power Index | Global Cybersecurity Index 2020 | |
|---|---|---|---|---|
| | | | 2020 | 2018 |
| 1 | アメリカ | アメリカ | アメリカ | イギリス |
| 2 | オーストラリア、カナダ、中国、フランス、イスラエル、ロシア、イギリス | 中国 | イギリス、サウジアラビア | アメリカ |
| 3 | 日本、イラン、北朝鮮、インド、インドネシア、マレーシア、ベトナム | イギリス | エストニア | フランス |
| 4 | | ロシア | 韓国、シンガポール、スペイン | リトアニア |
| 5 | | オランダ | ロシア、アラブ首長国連邦、マレーシア | エストニア |
| 6 | | フランス | リトアニア | シンガポール |
| 7 | | ドイツ | 日本 | スペイン |
| 8 | | カナダ | カナダ | マレーシア |
| 9 | | 日本 | フランス | カナダ |
| 10 | | オーストラリア | インド | ノルウェー |

〈凡例〉 Cyber Capabilities and National Power：国際戦略研究所（IISS）
National Cyber Power Index：ハーバード大学ベルファーセンター
Global Cybersecurity Index：国際電気通信連合（ITU）
〈出典〉 一田和樹「国家別サイバーパワーランキングの正しい見方」(ニューズウイーク日本版、2021.7.15号)

台湾などの関係諸国と協力して、中国のサイバー攻撃に対する対処能力を飛躍的に強化するとともに、攻撃能力を保持することも避けて通れない課題である。

## 3　核恫喝と核兵器使用のリスク

ロシアは、２０２２年2月24日のウクライナへの軍事侵攻以前から、核兵器の存在を誇示し、ウクライナと欧米（ＮＡＴＯ）に対して核恫喝を行っていた。

2月19日、ロシアは、プーチン大統領の指揮のもと、戦略的抑止力の向上のためとして、核戦力を運用する航空宇宙軍や戦略ミサイル部隊などが参加し、ミサイルの発射演習を行った。

プーチン大統領は、侵攻当日の2月24日のＴＶ演説で「ロシアは世界で最も強力な核保有国の一つ」というだけでなく「最新兵器で優位性がある」と強調し、「わが国を攻撃すれば、壊滅し、悲惨な結果になる」とウクライナと欧米に核恫喝をもって警告を発した。さらに2月27日同大統領は、西側の経済制裁に反発し、ショイグ国防相やゲラシモフ参謀総長などに対して、核戦力を念頭に、抑止力を特別警戒態勢に引き上げるよう命じた。

その後ウクライナは、戦線の膠着から反転攻勢に転じた。劣勢に立たされたプーチン大統領は9月21日、国民の部分的動員を発表した演説の中で、ロシアには核兵器を含めすべての軍事手段を行使する用意があるとし、これは「はったりではない」と述べ、核兵器使用の可能性を強く示唆した。

さらにロシアは、同国が支配する東部のドネツク、ルハンスク、南部のヘルソン、ザポリージャのウクライナの4州でロシアへの編入を問う「住民投票」を9月27日までに終わらせた。ロシアへの編入に対する賛成票が圧倒的多数とされており、これを受け、ロシアの上下両院が10月4日までに併合条約を批准する法案を可決し、プーチン大統領が5日に法案に署名して、手続きが完了した。ロシアが、住民投票と併合条約締結を急いだのは、併合した同4州に対しウクライナの攻撃があった場合、核兵器を使う根拠とする意図があるからと見られ、核攻撃の蓋然性が高まっているとの懸念が示された。

ロシアは、2020年6月に公表した「核抑止の分野における基本政策」で、「ロシアが核兵器の使用に踏み切る条件」として、次の四つのシナリオを挙げている。

①ロシア及び（または）その同盟国の領域を攻撃する弾道ミサイルの発射に関して信頼のおける情報を得た時

②ロシア及び（または）その同盟国の領域に対して敵が核兵器またはその他の大量破壊兵器を使用した時

③機能不全に陥ると核戦力の報復活動に障害をもたらす死活的に重要なロシアの政府施設または軍事施設に対して敵が干渉を行った時

④通常兵器を用いたロシアへの侵略によって国家が存立の危機に瀕した時

つまり、併合条約によって、すでにウクライナの4州をロシアの領土とみなし、同域に対するウクライナの攻撃は④「通常兵器を用いたロシアへの侵略によって国家が存立の危機に瀕した時」に該当するという見立てだ。

このように、ウクライナ戦争においてロシアは、核恫喝とともに核使用のリスクをいやが上にも高めている。

その結果、米国およびNATOは、ウクライナがNATOの加盟国ではなく「集団防衛」の対象ではないことに加え、軍事介入すればロシアの核恫喝の現実化、すなわち核戦争に拡大する恐れがあるとの判断から、紛争が欧州戦争あるいは第3次世界大戦へと全面的に拡大することを恐れて直接的な軍事介入の選択肢を完全に排除した。

また、ウクライナが要望する長射程兵器システムの供与は、ロシア領土内への攻撃に使われる可能性があり、ロシアに核兵器使用の口実に利用され紛争をエスカレートさせかねないとの見方から、その供与をためらうとともに、供与兵器の性能に制限を加えている。

これらは、実戦において、核恫喝が行われ、それが効果を発揮した初めての出来事である。核兵器は、政治的手段であり「使えない兵器」であるとの従来の認識が、「使える兵器」との認識に変わった決定的瞬間でもあった。

そして、ロシアは、開戦から1年以上が経っても予期した目標が達成できず、作戦が行き詰まっていることから、「escalate to de-escalate（事態を好転させるために状況をエスカレートさせること）」として知られる戦略原則を意識しつつ、戦況を大逆転させる目的で、いわゆる戦術核を使用するのではないかとの懸念が付きまとっている。

さらに旧ソ連邦時代、ウクライナ領土には多数の核兵器が存在したが、1991年の独立を契機として、1996年までに領域内のすべての核兵器を撤去しロシアに移管した。ウクライナが、20年前に核による抑止力を放棄したことで攻撃を受け易くなったのではないかとの議論があり、その点についても注目する必要があろう。

こうして、ロシアのウクライナ戦争における核使用の前例は、中国の尖閣諸島や台湾、そして南シナ海への海洋侵出に影響を及ぼさずには措かないのである。

**〈中国への含意〉**

中国は、「核戦力の野心的な拡大と近代化・多角化に着手し、戦略核の3本柱（大陸間弾道ミサイル（ICBM）、潜水艦発射弾道ミサイル（SLBM）及び戦略爆撃機（空中発射巡航ミサイルや核爆弾搭載））の初期段階を確立した」（米国の2022年「核態勢見直し（NPR）」、括弧は筆者）。

また、米国防省は2022年11月末、「中国の軍事活動に関する年次報告書」を公表した。その中で、中国は現在、400発を超える核弾頭を保有していると推定されるが、2035年までに核弾頭保有数が現在の4倍近い約1500発に達するとの見通しを示し、「あまりにも急速な増強を行っている」（国防省当局者）と警戒感を露わにした。

一方、米国は、1987年に調印したソ連（ロシア）との中距離核戦力（INF）全廃条約に基づき、射程が500kmから5500kmまでの範囲の核弾頭及び通常弾頭を搭載した地上発射型の弾道ミサイルと巡航ミサイルを廃棄した。そのため、現在、米中間では中距離（戦域）核戦力に「米弱中強」の大きな「ミサイル・ギャップ」があり、また短距離（戦術／戦場）核も中国が優勢である。

こうして生じた米国の中距離（戦域）核以下の「核の傘」の信ぴょう性の低下を衝いて、中国が核恫喝によって米国の軍事介入を阻止するとともに、ロシアがウクライナ侵攻で行ったように、核恫喝で日本や台湾などを恐れ怯ませつつ、不意急襲的に通常戦力による軍事侵攻を発動するリスクのあることが懸念される。また、中国は、ロシアの核使用の可能性に倣い、戦術核の使用の誘惑に駆られる場合が十分にあり得ることも想定しておかなければならない。

2022年6月、アジア安全保障会議（シャングリラ対話）に参加した中国の魏鳳和国防相は、中国にとって核兵器の究極の目標は核戦争の抑止だと説明し、「中国の方針は一貫している。自衛のために使用する。核（兵器）を最初に使うこと（先制使用）はない」と述べた（括弧は筆者）。

しかし、もともと、専門家の間では中国の公式発言や国際公約の信ぴょう性について懐疑的である。

と言うのも、中国は、ウクライナが保有していた核兵器をロシアへ移転し核不拡散条約（NPT）に加盟（1994年）するに当たり、ウクライナに対して核兵器を使用したり、使用する恐れがある国に対しては相応の行動をとることをウクライナと国際連合に約束した。しかし、ロシアのウクライナ戦争における核威嚇や核兵器使用のリスクの高まりに対し何ら具体的な行動をとらないばかりか、反対にロシアとの合同軍事訓練に加え、石油、天然ガスなどを輸入してロシアの軍事侵攻を促進させるなど、中国の公式発言や国際公約が「二枚舌」であることは随所で明らかである。

台湾を自国領土と主張する中国は、台湾を支援する米国や日本などの外国軍を排除する自衛名目の手段として、あるいは作戦の長期膠着や失敗の克服手段として戦術核使用の正当性を主張する可能性を否定できないのである。

このため、台湾にとって、中国に対する核抑止の問題は検討すべき重大なテーマとして急浮上したに違いない。同時に日本も、これらの核戦略上の問題を克服するための現実的選択として、まず、真剣な核論議を活発にしなければならず、核抑止を強化するため、少なくとも非核3原則の見直しは避けて通れない課題である。

## 4　作戦・戦術の特性と指揮統制

### （1）ロシア軍の作戦全般の概要

今般の軍事侵攻では、ウクライナに隣接する西部・南部軍管区の部隊に加え、東部軍管区から派遣された部隊を主力として「特別軍事作戦」が遂行された。

**ロシアのウクライナ侵攻**

〈出典〉ロイター（2022年３月２日）を筆者一部補正
https://jp.reuters.com/article/ukraine-crisis-idJPKBN2KZ02S（as of March 3, 2022）

なお、「ロシアの軍事力とロシア軍の配置」については、25頁【コラム】を参照されたい。

特別軍事作戦では、東部軍管区の部隊がベラルーシからキーウ（キエフ）へ、西部軍管区の部隊がハルキウを含むウクライナ東部へ、そして南部軍管区の部隊がドンバスとクリミアからウクライナ南部へ、それぞれを目指して２月24日未明に一斉に攻撃を開始した。

ロシア軍は、侵攻当初から、各種のミサイルや航空機による攻撃を行うとともに、北部、東部及び南部の複数の正面から地上軍を同時に侵攻させ、北部の部隊は首都キーウ付近まで到達した。しかし、ウクライナ軍の強固な抵抗やロシア軍の作戦・戦術面における様々な失敗に加え、侵攻兵力が大きな損害を被ったことが災いし、事実上首都キーウの早期制圧を達成できず、ウクライナ北部などから後退した。

その後、ロシア軍は3月下旬、それまでの軍事活動は「作戦の第一段階」であったとして、今後はウクライナ東部のドネツク州及びルハンスク州の「解放」、すなわち両州における占領地拡大を作戦の主目標とする旨を発表した。

これは、事実上戦争目的を下方修正し戦線を縮小するものである。以来、キーウ方面から撤退した部隊を転用しつつ、ウクライナ東部及び南部における攻撃を強化しているものの、戦況は一進一退を繰り返し膠着状態が続いている。ロシア軍は侵略開始から2週間程度で掌握した範囲を保持しているものの、その後占領地を大幅に拡大したとは見られていない。

こうしてロシア軍の攻撃が鈍化する中、米国が供与した高機動ロケット砲システム「ハイマース（HIMARS）」やM777榴弾砲と同砲用のGPS精密誘導長距離砲弾などがウクライナ軍に届き始め、ドローン（UAV）の監視偵察能力と組み合わせた「戦況を一変させる新兵器（ゲームチェンジャー）」投入で、ロシア軍との激しい砲撃戦のパワーバランスに変化が生じるようになった。

他方、ウクライナ軍は7月初めころから、南部ヘルソン州とザポリージャ州を手始めにその奪還作戦を開始した。その作戦は、ロシア軍が占領するウクライナ東部ハルキウ州での注意をそらし、ロシア軍部隊の南部転用を仕向ける欺騙効果をもたらした。ロシア軍の防衛態勢が手薄になった間隙を衝いて、ウクライナ軍は9月下旬、ハルキウ州の作戦でロシアが占領していた地域の多くの奪還に成功した。

さらに、ウクライナ軍は10月1日、ルハンスク州境に近い東部ドネツク州の要衝リマンを奪還した。リマンは鉄道路線が集まる交通の要衝であり、ここをロシア軍は物流拠点としていた。その後、同軍はドネツク州から隣接するルハンスク州に入っており、ロシアは軍事的な後退を強いられている。

他方、ロシア国防省は10月4日、ウクライナ南部ヘルソン州を占領する自国軍の部隊がここ数日で重要地域からも撤退を強いられたことを示す地図を公表するに至った。

このような攻防を経て、ロシアのウクライナ侵攻は重要な局面に差し掛かっているが、それが故に、ロシアの核兵器使用の可能性も高まっており、戦争の長期化を睨みながら、引き続き、戦況は予断を許さない状況となっている。

### （2）ウクライナ侵攻の中心となった地上軍

今般のウクライナ戦争で、ロシアの軍事侵攻の中心となったのは地上軍である。その編制は、軍管区制の下で、軍、軍団、師団、旅団、連隊、大隊、中隊、小隊そして分隊の構成になっている。

ロシア地上軍の攻撃は、一般的に装甲化あるいは自動車化狙撃部隊が、統合した火力を集中的に発揮しながら停止することなく急速に敵に接近する要領で行われる。そのため、各軍管区に配置されている諸兵科連合軍や戦車軍の中には、作戦の基本となり独立して戦闘を遂行できる自動車化狙撃旅団や戦車師団／旅団が複数編成されている。

　師団や旅団の中では、戦術的な運用単位である自動車化狙撃大隊や戦車大隊を中心として、砲兵や多連装ロケット砲の部隊などの遠距離火力や戦車などの近接戦闘力などで増強された、約1000人規模の大隊戦闘群（BTG、42〜43頁の【コラム】参照）が編成され、運用される。「特別軍事作戦」における地上作戦の戦術的単位部隊として運用されているのもBTGである。

　BTGは、チェチェン紛争及びジョージア（グルジア）紛争の経験に基づき、軍の即応性や火力支援の向上及び部隊のローテーション運用などを考慮して導入された部隊編成方式であり、2021年8月現在、ロシア軍全体で168のBTGが運用可能とされているという。

**（3）ロシア（ソ連）型軍隊とNATO型軍隊の戦い**

　前述の通り、ウクライナ侵攻で運用されているBTGは、各軍区司令部隷下の師団や旅団の中で、大隊レベル以下の諸兵科を組み合わせて編成された部隊であり、師団や旅団から分遣されて戦闘任務に従事しているものである。

　その作戦・戦闘の経緯を分析すると、BTGには兵站（後方支援）や諸兵科連合戦闘などの問題点が指摘されるが、本項では以下、作戦ドクトリンと指揮統制を焦点に述べることとする。

　ロシア軍が伝統とするソ連型戦術は、ミサイルや多連装ロケット、野戦砲など圧倒的な火力による焦土化作戦に見られる通り、まず一斉砲撃によって相手を制圧してから、ロシア兵を大量に投入し、敵の陣地を奪おうとするもので、スターリン時代からほとんど変わらず採用してきた「犠牲や損耗をいとわない消耗戦」形態の定型化した固定的な戦法である。

一方、ウクライナは、前述の通り、米国や英国を中心としたNATO諸国からの協力支援を得て、2000年2月に策定された「軍事力整備計画」に基づきNATO軍標準化とコンパクトで機動性に富んだ部隊編成を目指し、機構改革、部隊改編、作戦運用、兵力の削減、老朽化した装備品の用途廃止などの軍改革に取り組んできた。

ウクライナが導入したNATO型戦術は、軍改革の成果を反映し、戦況に適応できるようコンパクトで機動性に富んだものであり、「ヒット・アンド・アウェイ（攻撃即離脱）」の戦法に見られるように柔軟かつ機敏で「巧みな作戦」に特徴がある。

また、NATO型の指揮統制は、いわゆる委任型指揮といわれるもので、上官が作戦・戦闘の目標を設定し、それに向けた具体的方法などの意思決定を指揮系統の下に位置する下級将校や下士官、場合によっては個々の兵士に委譲するという柔軟かつ自発性・創造性を重視するやり方をとる。

一方、ソ連軍の指揮統制は、伝統的に厳格なトップダウン（上意下達）型であり、上官が部下へ命令を下し、それについて下位の将兵が考えたり、状況に合わせて変化させたりする権限をほとんど与えない硬直した中央集権型のスタイルである。

特にロシア軍は、欧米の軍隊と比較し、連隊以下に厳格なトップダウンの指揮系統を持つことから、下級指揮官への権限委譲が少なく部隊運用の柔軟性が極めて低いため、戦術的な意思決定の細部に至るまで、上級指揮官が関与しているという。特にＢＴＧの場合は、上級部隊の指示に基づき、それをひたすら実行するだけの立場に置かれている。

ＢＴＧは、基本的に少佐クラスが指揮官であり、その参謀（司令部のスタッフ）はロシア式の計画立案プロセスの特性によって米軍の標準数よりも遥かに少数であることから、弥が上にも指揮幕僚活動が低調になるのは避けられない。

そのため、師団長、旅団長クラスの将官が自らの命令意思を最前線にいる部隊に理解させ、徹底させる必要から第一線の現地へ赴かざるを得ない機会が多くなっており、そのような構造がロシア軍全体の指揮統制能力を低下させていると指摘されている。

それに伴って、師団長、旅団長クラスの将官がウクライナ兵の狙撃によって命を落とすケースが増えている。また、将官だけではなく、上級部隊から派遣された佐官級指揮官や幕僚の多くが犠牲になっているとも伝えられている。

指揮官が欠けることによって、司令部の指揮幕僚活動は極度に低下し、隷下部隊の行動はさらに行き詰ってしまう。そして、統制の効かなくなった部隊の徴集兵が食料を求め、あるいは価値ある製品を物色して店舗や民家で略奪行為を働いているのが報道されているように、教育訓練の不足で規律とプロ意識に欠ける兵士が戦争犯罪に走るのである。

## （4）中国への含意

ロシア軍の作戦戦術や指揮統制は、強権主義国の軍隊や共産党軍に共通した問題であり、中国共産党が指導する中華人民共和国の軍隊である中国人民解放軍（中国軍）にも当てはまる課題である。

中国の軍指導者の演説や軍の機関紙には、「五個不会（five incapables）」と「両個能力不夠（two inabilities）」いう自己批判の表現が繰り返し使われている。

前者の意味は、中国の各級指揮官が、①状況判断ができないこと、②上層部の意向を理解できないこと、③作戦の決定を下せないこと、④部隊を展開できないこと、⑤想定外の状況に対応できないことの五つを指している。また、後者は能力不足に関するもので、中国軍には①現代の戦争を戦う能力がなく、②将校には指揮能力がないことの二つを意味している。

余談になるが、先般ＮＨＫ（ＢＳ１スペシャル）が「赤い思想教育―習近平総書記三選の礎―」というタイトルで共産党学校沙州分校の半年にわたる取材記録を放映した。地方の党幹部たちを集めた教育で、女性の副校長が「習近平思想」について講義したが、講義の間もまた終了後も質疑応答は皆無であった。それを質したＮＨＫの記者に対し副校長は「そう決まっているいるから」とだけ答えた。つまり、党学校で行われていることは、習近平思想の一方的な教育・指導であり、上意下達による徹底した思想注入あるいは洗脳ともいえる教育を行っている実態が明らかにされていた。

このような一切の異論を受け入れない問答無用の教育・指導の手法から、柔軟性や創造性、自発性や積極性などの資質が養われる余地は少なく、共産党の軍隊である中国軍においても、同じようなことが行われているのは想像に難くない。

こうした問題や欠点は中国軍に限ったことではない。ロシアのプーチン大統領には、政府高官がシロビキ（治安・国防関係省庁幹部やその出身者）という縁故主義・お仲間主義で固められたイエスマンの側近たちから、例えばウクライナ侵攻作戦が思惑通りに進展していないといった悲観的な現実など大統領の気に入らない情報を敢えて届けようとする者はいないようだ。それと同様に、トップの習主席独裁に始まる上位の少数エリートによる支配を是とする共産主義体制下の中国軍は、プーチン政権下のロシア軍と同じような権力構造上の歪な課題を内包しているというのが否定できない現実ではなかろうか。

## 5　統合作戦と海上・航空優勢の獲得

### (1) 統合作戦の不備に伴う海上・航空優勢獲得を巡る問題

前掲の通り、ロシア航空宇宙軍は、進攻開始当初からウクライナ軍の防空システムや航空戦力を破壊する目的で敵防空網の制圧（ＳＥＡＤ）を実施したが、攻撃を徹底できず、航空優勢を確保しないまま、地上軍は地上侵攻を余儀なくされた。

他方、ロシア海軍は、２０１４年のロシアによるクリミア半島併合時の海戦によりウクライナ海軍艦艇の凡そ7割を喪失させたことから、黒海における海上優勢（制海権）を極めて優位のうちに確保することが出来た。しかし、水上艦艇や潜水艦からウクライナの地上目標に対し実施したミサイル攻撃は、地上部隊との連携が不十分であり、又その攻撃も散発的であったことから、地上戦を有効に支援できたとは言い難い。

ロシアのウクライナ侵攻には、ロシア軍のほか、国家親衛隊（旧国内軍）、連邦保安庁、カディロフ・チェチェン共和国首長に属する「カディロフツィ」と呼ばれる部隊などの準軍事組織も参加しており、当初からそれらの部隊も含めた一元的な指揮統制は困難とみられていた。

また、ロシア軍にあっては、作戦当初、東部軍管区、西部軍管区及び南部軍管区から構成されるウクライナ侵攻軍の総司令官が指名されておらず、また参謀本部が統一指揮を行わなかったことから、侵攻軍全体の一元的な指揮統制は無きに等しかった。そのため、侵攻する地上部隊の分散と逐次投入や兵站の不備などを招くとともに、ロシア軍部隊はウクライナ軍や国境警備隊によって各個撃破を受けたと見られている。

さらに、軍管区司令官の下、地上軍、海軍、航空宇宙軍などすべての軍種の統合運用を強化するために整備された「軍管区・統合戦略コマンド」体制ではあったが、前述の通り、航空宇宙軍は航空優勢を獲得できず、不徹底のまま地上作戦の遂行に追い込まれた。また、海軍は、圧倒的な戦力優位の下、黒海における絶対制海権を確保していたにも関わらず、その優勢を積極的に活用する姿勢が希薄で、地上戦に対する消極的な作戦支援に終始し、結果的に地上軍、海軍及び航空宇宙軍という3軍種間の連携不足による統合運用の欠如が露呈した。

もともと、大陸国家であるロシアは陸軍（地上軍）国であり、それを主体に、海上戦力は地上戦の補助兵力という位置付けである。また、航空戦力の主たる役割も、地上戦を空から支援することにあった。

このような伝統的な健軍思想から、海軍には海上優勢を、航空宇宙軍には航空優勢を、それぞれ確保するという独自の戦略思想が育ち難く、そのため、現在でも依然としてロシア軍は地上軍主体の作戦で、健全な統合運用体制が充実発展しない要因になっていると見られている。

### （2）中国への含意

以上述べた作戦・戦術と指揮統制や統合作戦と海上・航空優勢の獲得などを巡るロシア軍の問題は、ソ連軍をモデルとして発展してきた中国軍が潜在的に共有している可能性があり、その問題を中国軍が克服できるかが大きな課題である。

翻って、ウクライナ戦争は、地上が中心的な作戦フィールドである。他方、中国の尖閣諸島や台湾への軍事侵攻は、まず、水中を含む海上及びその上空が中心的作戦フィールドとなる。それは、中国大陸との間の百数十キロが海で隔てられているからである。

このように、中国の尖閣・台湾に向けた軍事作戦は、ロシア軍のウクライナ侵攻と同じく「遠征作戦」あるいは「外征作戦」ではあるが、作戦フィールドは地上と海上、作戦の態様は地上戦と着上陸（水陸両用）作戦という大きな違いがあり、より難しい統合作戦を遂行することが求められる。そこで、中国の着上陸作戦としての統合作戦については、ウクライナ戦争におけるロシア軍の問題や課題と対比しつつ、第3章の本論において詳しく述べることとする。

## 6　無人戦闘システムの本格的登場──ゲームチェンジャーとしての無人航空機（UAV）の活躍

### （1）ロシア軍とウクライナ軍の無人航空機（UAV）の使用

ロシア軍は、ソ連時代からTU141無人偵察機を開発するなど無人航空機（UAV、ドローン）開発に積極的かつ先進的に取り組み、情報・警戒監視・偵察（ISR）から攻撃用まで、小型大型の多種多様なUAVを保有している。しかし、ウクライナ侵攻の初期段階において、ロシア軍がUAVを大々的に使用した形跡は見当たらない。

一方、ウクライナ軍は、トルコから提供された同国製の攻撃型ドローン「バイラクタルTB2」でロシアの戦車・装甲車両や兵站車列に襲い掛かり嚇嚇たる戦果を挙げている。例えば、ヘルソン付近において、バイラクタルTB2によりロシア軍の兵站車列を攻撃したとしているほか、同UAVによる偵察及び射撃観測に火砲や多連装ロケットを組み合わせ、ロシア軍が占領し攻撃拠点としていたチョルノバイウカ飛行場を断続的に攻撃したことなどがウクライナ軍によって発表されている。

また、ウクライナ軍は、民間ハイテク企業と一体となって民生用ドローンや新たな民生技術・ノウハウを素早く活用・吸収し、通信衛星やソフトウェア経由で兵士とドローンや装備品を結んだ新たな軍事技術・システムを生み出す「戦力のデジタル化」を戦いつつ進めている。さらに、ソ連邦時代から保有していたTU141無人偵察機の航続距離を400キロから1000キロまで延伸する改良を行い、再投入してロシア本土の核兵器搭載可能な爆撃機の拠点（空軍基地）に深刻な打撃を加えてもいる。

これらに触発されたのか、ロシア軍はイラン製自爆型無人機（ドローン）を導入し、10月に入ってから大量に使用するようになり、ウクライナの民間人やインフラ設備に甚大な被害を与えて対抗している。

このように、無人戦闘システム、中でも無人航空機（UAV、ドローン）は、ウクライナ戦争で数多く用いられ、ISRや敵部隊・施設の攻撃など作戦遂行に際立った役割を果たし、ゲームチェンジャーと呼ばれるに相応しい革新的な働きが注目されている。

### （2）中国への含意

中国は、2019年10月の建国70周年軍事パレードにおいて、攻撃型ステルス無人機GJ-11や高高度高速無人偵察機WZ－8を初めて展示したように、無人戦闘システムの開発・配備に力を入れている。

海上戦力としては、無人艦艇（USV）や無人潜水艇（UUV）の開発・配備を進めているとみられる。こうした装備は、比較的安価でありながら、敵（日米台）の水中における優勢の獲得を効果的に妨害することが可能な非対称戦力とされる。日米台に比べ、劣勢と見られる水中戦能力を高めるため、この分野の開発・配備は特に重視して進められることが予測される。

航空戦力では、偵察などを目的に高高度において長時間滞空可能な機体（HALE）や、ミサイルなどを搭載可能な機体を含む多種多様な無人航空機（UAV）の自国開発を急速に進めており、その一部については配備や積極的な輸出も行っている。実際に、空軍には攻撃を任務とする無人機部隊の創設が指摘されているほか、日本や台湾周辺海空域などで偵察などの目的のためにUAVを頻繁に投入している。さらに、低コストの小型UAVを多数使用して運用する「スウォーム（群れ）」技術の向上も指摘されている。

このように、中国軍は、海洋侵出の基本構想であるA2／AD戦略の推進を目標に、特に海空領域における無人戦闘システムの開発・配備を重視しており、ウクライナ戦争においてUAVが果たしたゲームチェンジャーとしての役割を念頭に、そのアプローチを一段と加速するものとみられる。

## 7　兵站（後方支援）を巡る問題

### （1）ロシア軍の兵站（後方支援）の不備・失敗の原因

兵站（後方支援）の重要性を世に知らしめたのは、湾岸戦争である。55万余の将兵と700万トンの物資をアラブの砂漠に動かした史上最大の「ロジスティクス・システムの戦い」は、W・G・パゴニス著『山・動く』（同文書院インターナショナル、1992年）によって詳細に説明されている。

「素人は戦術を語るが、プロは兵站を学ぶ」という古い諺がある。また、「戦争で試されるのは戦う意志と兵站である」とも指摘されるように、長期かつ大規模な軍事作戦の成否の鍵は兵站が握っている言っても過言ではない。

兵站は、兵器類の整備修理・回収、食料・水・燃料・弾薬等の補給、そのための陸海空路を経由した輸送、戦闘傷病者の医療後送（衛生）などの任務を果たすことによって、戦力を維持増進し作戦を支援する機能である。

兵站は、後方支援とも言われるように、目覚ましい第一線の作戦に比べれば、裏方の地味な活動で目立たないが、作戦遂行に当たっての物的可能性を付与する重大な役割がある。

ロシア軍は、これまでウクライナ軍の強力な抵抗に遭い、深刻な打撃を受けて侵攻計画が予定通りに進展していない。その原因の一つに挙げられているのが、ロシア軍の兵站（後方支援）の不備・失敗である。

その原因は、兵站組織の構成、兵站部隊の運用及び兵站業務の運営のそれぞれにおいて、様々な問題点や課題が指摘されている。

例えば、兵站組織の構成では、３方向からの独立した作戦を行ったこと、道路主体の輸送と護衛の不在、中間兵站施設の不在、キーウ近郊ホストメルのアントノフ空港に対する空挺作戦の失敗と空路支援の喪失などが挙げられる。

兵站部隊の運用の面では、兵站を軽視したロシア地上軍の戦力構成や第一線で戦う大隊戦術群（ＢＴＧ）の兵站能力が低いことなどが指摘される。

ロシア軍は、補給・整備の分野に民間の軍事請負業者（民間軍事会社、ＰＭＣ）を活用しようとしているが、戦術的単位部隊として運用されているＢＴＧではその内の幾つかが廃止された。現在、廃止された補給・整備部隊の再建を試みているが進行は遅く、ＢＴＧ指揮官を悩ませる要因となっている。さらにＢＴＧは、組織編成上、列国の軍隊と比較して兵站（後方支援）能力が低いうえに、上級部隊からの必要な支援も十分に得られていなかった。

兵站業務の運営では、短期決戦を想定した作戦準備や航空優勢が獲得できないこと、西側の経済制裁による兵器・装備品の生産能力と補給能力の低下などが見られる。

以上、ロシア軍の兵站について概要を述べた。その他にも、戦車・装甲装軌車両中心の作戦や無誘導兵器（大砲、ロケット、爆弾）への依存などが兵站支援活動を圧迫している。

このように、兵站の不備・失敗は多くの要因が重なった結果であり、その解決は決して容易ではない筈だ。ロシア及びロシア軍は、今般の軍事侵攻を通じて、兵站の重要性と難しさについて、改めてその意味を深く噛みしめている所であろう。

## （2）中国への含意

ロシアのウクライナへの軍事侵攻は、中国に兵站（後方支援）の重要性と難しさについて学ぶ機会を与えた。

中国との対立が本格化している米国でも、例えば、「ロシア軍の補給問題、太平洋の米軍にも――米軍が兵站を改善しなければ、台湾防衛は失敗する可能性が高い」（ウォールストリート・ジャーナル、2022年4月7日付）のような注意を喚起する論調が出始めている。

その趣旨は、ロシアのウクライナでの失敗は兵站面の問題に大きく起因し、米軍の能力もロシア軍と同様に、弾薬・ミサイルの備蓄や兵器・装備品の製造・修理を支える軍事産業基盤などの面で、長期戦を念頭に中国との大規模な戦いに向けた態勢が整っているとは言えないと警鐘を鳴らすものである。

では、台湾に対する着上陸侵攻を予期する中国・中国軍の兵站（後方支援）は盤石であるのか。

尖閣諸島・台湾危機が切迫しつつあるとの警戒感が高まる中で、果たして、中国の着上陸作戦の計画準備そして実戦的訓練は実効性をもって進み戦闘準備が整っているのか、また作戦に当たってはその終始を通じ海上優勢と航空優勢を確保することが出来るのか、経海・経空の戦力投射を支援する兵站（後方支援）は万全なのかなどを、慎重に見極める必要がある。

これらの問いについては、着上陸侵攻の成否を左右するのが兵站（後方支援）であるとの視点に立ち、第3章で特別に項目を設け、詳しく述べることとする。

## 8　安易に破られる国際法

ロシア軍は、侵攻当初から、ウクライナ西部を含む同国内各地へのミサイル攻撃を継続しており、ウクライナ軍の兵站・軍事施設を破壊するとともに、非戦闘員である一般市民の犠牲を拡大することによるウクライナの抗戦意思の減殺を企図しているものとみられる。

また、ウクライナの首都キーウ近郊「ブチャ」に代表される市民の大量虐殺（ジェノサイド）は目を覆うばかりである。さらにロシア軍は、まだ一進一退の攻防戦が続いている部分的・暫定的な占領でしかない地域で、住民の拘束と強制移住、露語教育、通貨ルーブルの使用、住民投票の実施、メディア統制などによる「ロシア化」を強制しており、これらはいずれも重大かつ明白な国際法違反である。

このように、国土防衛戦では、特定の限られた場所で戦闘が繰り広げられるのではなく、国土全体が戦場となり、安全な場所などないのである。さらに、民間人を保護し、戦争による被害をできるだけ軽減する目的で作られた戦時国際法は安易に破られることが、ロシアによるウクライナへの軍事侵攻で、改めて明らかになった。

米国は、戦時国際法の「軍事目標主義」に基づき、できるかぎり民間の犠牲者を出さない方針を表明し、偵察衛星やGPS、ドローンあるいはヒューミント（HUMINT）などによる正確な情報と精密誘導兵器を組み合わせて、いわゆるピンポイント攻撃を追求している。その実際は、ウクライナに供与された高機動ロケット砲システム「ハイマース（HIMARS）」による攻撃などで明らかになっている。

一方、ロシア軍には、より精度の高い攻撃ができる現代的なミサイルシステムが不足していることで無差別攻撃になり易いうえに、むしろ、ミサイル攻撃や砲爆撃によって市民を巻き添えにし、その継戦意思を削ぐために意図的な攻撃方法として採用していると見られている。

極めて遺憾と言わざるを得ないが、これが世界の偽らざる現実であり、我々はその厳しい現実を直視しなければならない。

**〈中国への含意〉**

では、「法治」ではなく、「人治」の国と言われる中国はどうだろうか。

中国は、ロシアと同じように国際法を守らない国である。また、「法律戦」を戦いの重要な手段の一つと考える国であり、自国の一方的な主張に沿うように国際法を解釈して国内法を作り、軍事力を背景に戦狼外交で強引にその実現を図ろうとしている。

南シナ海では、歴史的権利の一方的主張の下に、ほぼその全海域をカバーする9段線を引き、その内側は中国の排他的領域であるとの自説を押し通し、南沙諸島の七つの岩礁を埋め立てて人工島を作り、あっという間に軍事基地に変えてしまった。2015年の訪米時、習近平国家主席はオバマ大統領に対し南シナ海の人工島を軍事化しないと公式の約束を交わしたにも拘らず、それに叛いて大胆不敵な行動に出たのである。

また、フィリピンの提訴を受けた南シナ海仲裁裁判所は2016年、国際海洋法条約（UNCLOS）の規定に基づき、中国がこれまで主張してきたことをことごとく否定する裁定を下した。しかし中国は、その裁定を完全に無視し、南シナ海の人工島に港湾、滑走路、レーダー施設、格納庫、倉庫などの軍事施設を建設し、5000人以上の将兵を駐屯させ、同海の内海化、軍事的聖域化の完成に向け注力している。

中国は、中国共産党が大陸において中国国民党（国民政府）との国共内戦に勝利し、1949年に建国されたものであるが、台湾を実効的に支配したことは一度もない。しかし、中国は、「台湾は中国の不可分の一部」で「中国は一つ」との主張を曲げず、事後法である「反国家分裂法」を作って、台湾の武力統一も辞さない構えである。

尖閣諸島は、日本固有の領土であることは歴史的にも国際法上も明らかであり、現に我が国はこれを有効に統治している。

しかし、中国は、1992年に尖閣諸島を中国領土と記載した「領海法」を制定した。これもまた一方的な国内立法による法律戦の一環である。そして、尖閣諸島を台湾と同じように「核心的利益」と称し、『釣魚島白書』（釣魚島は尖閣諸島の中国名）でも尖閣諸島を沖縄ではなく台湾の一部と主張しているため、台湾侵攻と同時に尖閣諸島の奪取を行う可能性が高まっている。

2008年に日本を公式訪問した胡錦濤国家主席と福田康夫総理は、「戦略的互恵関係」の包括的推進に関する日中共同声明に署名し、「共に努力して、東シナ海を平和・協力・友好の海とする」ことを約束した。その舌の根の乾かぬうちに、中国は公船等を尖閣諸島沖に派遣し領海にも度々侵入するといった力による現状変更を強引に進めている。

国際社会は、習近平国家主席を「右にウィンカーを出しながら左にハンドルを切って暴走する無法かつ危険な運転手」と見ており、これでは、国際社会における中国の信用は丸つぶれである。

このように、中国にとって国と国との約束や国際公約は、あくまで自らの真意を隠すための隠れ蓑に過ぎず、相手を油断させ、時機を見てそれを破り自らの一方的な主張を実現するための便宜的手段以外の何物でもないことに、改めて気付かされるのである。

プーチン大統領と中国の習主席の思想・行動は、随所に共通点・類似点が見られる。

もともと、習主席（1953年生れ）は「親ロシア志向」と見られている。彼の父親の習仲勲氏は、ソ連を手本として中国の政治・経済・軍事システムを作った毛沢東とともに戦った中国共産党の八大元老の一人とされる高級幹部で、1950年代後半にソ連に赴き、重工業を学んだ。こうした時代背景が、少年時代の習主席の人格形成に深く関わり、ソ連の価値観や歴史、文化への憧れ―「ロシア・コンプレックス」と呼ばれることもある―が心に根ざすようになった、と分析している歴史家もいる。

プーチン大統領は「ウクライナは（ロシア）固有の歴史、文化、精神的空間の一部」と主張し、習近平国家主席は尖閣諸島、台湾、南シナ海を中国のものと主張して「力による一方的な現状変更」を試みている。

また、プーチン大統領は「大ロシアの復活」を、また習近平国家主席は「中国の夢」としての「中華民族の偉大な復興」を、それぞれ掲げた反米で共闘する覇権拡大主義者である。

いずれも、戦後、日米欧を中心に自由、民主主義、人権、法の支配を共通理念として形成してきた国際秩序に対し、独裁体制の下、専制主義、強権主義、あるいは帝国主義の立場から現状変更の挑戦状を突き付け、自らが描く独善的な世界観で冷戦後の国際地図を塗り替えようとしている。まさに「民主主義対専制主義」という対立によって東西冷戦の再来を彷彿とさせているようであり、世界を再び大きな分断・対立の危機に陥れている。

岸信夫防衛大臣（当時）は、令和4年版『防衛白書』の冒頭挨拶で「国際社会は今、戦後最大の試練の時を迎えています」と記し、後任の浜田保一防衛大臣は、世界が「新たな危機の時代」に直面していると述べている。そして、岸田文雄首相が「ウクライナは明日の東アジアかもしれない」と繰り返し警告している。

その通り、ウクライナで起きていることは、インド太平洋地域で民主主義陣営の第一線に立つ日本や台湾及びその周辺地域でも現実に起こり得る。そして、こうした懸念は、今後一層強まる一方と見なければならない。

日米や欧州諸国が、しきりに「ルールに基づいた国際秩序」を守り、さらに強化する必要性を訴えているのは、それが国際社会の責任大国であるべきロシアや中国などによって安易に破られているからに他ならない。

日本や台湾が中国に軍事侵攻されたら、ウクライナと同じ、あるいはそれ以上の惨状を呈することは間違いなかろう。

## 9 「士気の戦い」と組織的レジスタンス

ロシアは、ウクライナの国土防衛の決意を破ることができなかった。その大きな理由は、首都キーウの早期掌握によるゼレンスキー政権の排除を企図した斬首作戦に失敗したことや、情報戦やサイバー戦を通じてウクライナ国内での情報支配を確立できず国民の士気の低下に失敗したことなどにある。

一方、ウクライナ国民は本戦争を自分たちの「死生存亡の戦い」だと考え、ゼレンスキー大統領が国民総動員令を発令して不退転の決意を示し、国民を励まして団結・士気を高めたこと、また、欧米諸国の兵器供与や情報支援を受け、圧倒的優勢なロシア軍に対して劣勢のウクライナ軍が善戦敢闘していることなどが挙げられよう。さらに、それを国民の力に変え、国民による組織的レジスタンスへと導いた同大統領の卓越したリーダーシップが評価される所以である。これは、10月初めまでの作戦で、ロシアがウクライナとの「士気の戦い」に敗れたことを意味しよう。

ロシアのウクライナ侵略における軍事作戦の全体像は、失敗に次ぐ失敗であった。そこでロシアは、10月からの厳しい冬の到来に乗じて、ウクライナ戦場での失敗から、ウクライナ国民の士気を一気に破壊する作戦へと変更している。ちなみに、ウクライナの10月の平均最高気温は12℃、平均最低気温は0℃である。

ロシア軍は、ウクライナの民生インフラ破壊に注力するようになり、ウクライナ全土への徹底的なミサイル攻撃で、ウクライナの電力を中心としたエネルギー系統の大部分を破壊もしくは損壊している。冬の気温はマイナス20℃にまで落ち込むと予想され、「数百万人が命を脅かされることになる」（世界保健機関：WHO）中で、ウクライナ人は必死で「士気の戦い」に挑み「組織的レジスタンス」を維持している。

そして、ウクライナの春初日とされる2023年3月1日、ゼレンスキー大統領は、厳しい「冬は終わった」と述べた。また、クレバ外相は声明で「われわれは自国の歴史上最も厳しい冬を乗り越えた。寒く暗い冬だったが、われわれは不屈だ」と表明し、プーチン大統領が実施した「冬のテロ」にウクライナは打ち勝ったと強調した。

ナポレオンが、「戦争において、士気は物質的要素の3倍の重要性を持つ」と言ったことはけだし名言であり、「戦争で試されるのは戦う意志と兵站」であることは、前述の通りである。

米国が、ベトナム戦争において国内の反戦運動の高まりを受けて撤退に追い込まれたことに見られるように、特に民主主義国家では、戦いを続けていく上で国民世論の広範な支持と不断の戦う決意が決定的に重要である。

**〈中国への含意〉**

すでに中国は、台湾周辺の海空域で圧倒的な軍事力による威圧を強め、台湾への言説に偽情報を注入するなど、台湾人の認知領域にまで働きかけながら、平時の台湾の士気を弱めるための情報戦やプロパガンダ・キャンペーンを展開している。

有事になれば、中国軍は、台湾の抵抗能力に対する国民の信頼を低下させ、政権に対する支援の弱体化を図るメッセージを放送し、SNSなどあらゆる手段を駆使して「台湾の決意と組織的レジスタンスを破る」ことを試みるだろう。

中国軍は、ロシアのウクライナ国民の意志に対する明らかな過小評価を教訓として、台湾国内の情報の流れを制御する強力な方法や手段、例えば、海底ケーブルを切断し、放送塔を破壊・押収するなど、台湾の士気を打ち砕く可能性のある物理的封鎖の強行などにまで踏み込み、徹底した「士気の戦い」と「組織的レジスタンス」の打破に注力することを厳重に警戒しなければならない。

## 10　軍の「プロフェッショナル化」の未発達——兵士・将校の募集と教育訓練

ロシアの軍改革の一つである軍の「プロフェッショナル化」については、特に兵士（兵卒）の育成に大きな問題があり、その背景には、徴集（徴兵）義務1年間という制度上の制約がある。そのため、訓練不足や士気の低い未熟な兵士が本格的な軍事作戦への参加を強いられている。その弱点がウクライナの最前線の現場で露呈し、作戦の失敗に繋がっている一因と見られている。

現在、この問題を是正するため、有給で3年間勤務する契約軍人（一種の任期制職業軍人）制度を導入しているが、給与や住宅の改善等にさらに国防予算が必要であるため、本制度への円滑な移行が進んでいない。

西側では、志願制を採用している国が多いが、それは、レーダーやミサイル、コンピューターなど高度な軍事技術に裏付けられたシステム兵器を駆使する現在・近未来の戦いには、専門的な知識・技能を習得した練度と士気の高い真にプロフェッショナルな戦士が必要不可欠だからだ。

他方、下士官は、列国の軍隊では部隊の精強性の基盤である。必ずしも高学歴ではないが、長い勤務経験や専門的識能を背景に、士官（将校）たる上官の命令への対処そして部下兵士の管理の補佐や必要な指導を行う。また、第一線での適切な戦術判断の下に、小部隊のリーダーの役割を果たし、部隊の骨幹戦力としてその中堅的役割を担い、併せて同一部隊における長期勤務の実績をもってその歴史や伝統を築く重要な立場に置かれている。

ロシア軍では、「下士官では（契約軍人の比率が）100％を達成した」（外務省HP「ロシア連邦基礎データー」「国防」「3軍事改革等」、括弧は筆者）模様である。しかし、下士官を終身雇用制度ではなく任期制の契約勤務制度で賄い、又その契約期間が3年間に限られるとすれば、第一線戦力の原動力である下士官層の勢力が極めて弱体であることになる。

このままで推移すれば、ロシア軍は「頭でっかちで下半身の弱い歪な軍隊」としての低い評価を受け続けることになろう。

**〈中国への含意〉**

ロシア軍の下士官・兵の弱体化を見て、早速渦中の台湾では、2018年に事実上廃止した徴兵制復活の検討が開始されている。また、現行制度では、1994年以降に生まれた18歳から36歳の男性は4か月間の訓練を受けることになっているが、中国の軍事的圧力の高まりに対処するため、「4か月では戦力にならない」として2024年1月から1年間に延長する計画である。

また、予備役は、これまで退役から8年間、2年に一度の教育召集が義務付けられ、それぞれ5～7日間の訓練を受けていた。しかし、2022年1月から新制度へ移行し、その訓練も、毎年召集され期間も14日間に延長し、より実戦的な内容にすることになっている。

中国は、「兵役法」（1998年）に基づき服務期間2年の義務兵制（徴兵制）を敷いている。旧「兵役法」（1984年）の第2条では「中華人民共和国は義務兵制を主体として、義務兵と志願兵が結合し、民兵と予備役兵が結合した兵役制度を実施する」と規定していたが、1998年の新「兵役法」では「義務兵制を主体として」という表現が削除された。このことにより、人民解放軍では、志願兵の比率がより高まり、兵員構成が大きく変わっている。

しかし、2022年10月の中国共産党第20回党大会において、習近平総書記はその政治報告で「われわれは軍事訓練と準備を包括的に強化し、軍が勝利を収める能力を向上させなければならない」、「新たな軍事人材の教育体系を強化する」と述べた。これは、軍の教育訓練と戦闘準備に不安を抱き、先端技術に対応できる人材の確保に苦労している実態を示唆している。

下士官の重要性については、先に述べた通りであるが、国防におけるイノベーションを含む技術的競争が中心的な課題の一つとなる中、中国軍は「兵役法」を改正し、下士官を義務兵から選抜する以外に、民間の専門技術者や中等以上の専門技術学校卒業者の中から採用できるようにするなど、下士官制度の改革に着手している。

しかし、列国と比較すると、近代兵器・装備に習熟した能力の高い下士官の採用・維持のための軍の管理運営メカニズムが確立されていないと指摘されてきた。そのため、下士官として採用する前に、軍がその費用の一部を負担して大学や職業訓練校で2年半の教育を受けることができる制度

でいない。

を新たに作るなど、下士官の質をより高める努力がなされているようであるが、制度の普及は進ん

また、人民解放軍は、経済の急成長と人口減少・少子高齢化のなか、兵士の志願者不足に悩んでいるようである。新兵に採用される者は、失業率が高く、教育水準が低い貧しい農村地域出身者に大きく偏っている。

しかも、その大多数が人口抑制策「独生子女政策（一人っ子政策）」の強制を受けた一人っ子であり、両親・祖父母に可愛がられ、甘やかされて育った世代であり、徴兵身体検査では、志願者たちの合格率が大幅に低下しているとも言われている。

新兵の不足と質の低下は今後、中国の国防の足かせとなる可能性もあり、軍の危機感は強く、兵士らの給与を上げるなどの処遇改善が検討されている。

また、「一人っ子政策」は2015年末に廃止され、現在では夫婦1組につき3人まで出産を認める方針が打ち出されているが、出生率は1・16人（2021年）と依然として低迷している。その結果、2022年末の中国の総人口（香港、マカオを除く）が前年末に比べ約85万人減り、14億1175万人になったと中国国家統計局が公式発表した。これは、いつもの控え目な数字のようであるが、長年にわたる制度的弊害の後遺症が是正されるまでには、相当の年月を要すると見られ、人口減少に転じた中国は、当分の間、「ひ弱な兵士」の存在に悩まされ続けることになろう。

そのうえ、中国の政治的優先順位により、新兵が受ける教育訓練は、その約40％が共産党の主義

思想、いわば精神武装に関する学習に充てられていて、それだけ兵士に具備すべき技術や識能が軽視されているという。

また、中国は1979年の中越戦争以来、大きな戦争を行っていない。そのため、中国兵は、米軍の兵士とは異なり、「平和の病」といわれるように事実上戦闘経験がなく、実戦能力が全く未知数であることから、軍のプロフェッショナル化が真に喫緊の課題となっている。

中国軍は、かねて外国の賓客らに特別なデモンストレーション（広報宣伝）部隊による「見せるため」のショーのようなプログラムを用意していると言われている。孫子の「兵者詭道也（兵は詭道なり）」を地で行く中国軍は、いつも相手に偽りの状態を示すことを常道としており、デモ部隊があたかも軍全体の実体であるかのような印象を与え、相手を威嚇・かく乱する効果を狙っている。しかしその実態は、軍全体の真の実力とは程遠く、弱点や問題点を悟られないためのプロパガンダ（政治宣伝）に過ぎないとの皮肉な見方があることも事実である。

## 11　その他の背景的要因

### （1）正規軍との本格的戦争の経験不足——小さな舞台から大きな舞台へ

ソ連邦崩壊後（1991年12月）のロシアの主な戦争・紛争の歴史を振り返ってみよう。

第1次・第2次チェチェン紛争は、小国内の民族紛争に介入した対ゲリラ・対テロ戦の性格を有する。

ロシア・グルジア戦争は、21世紀最初のヨーロッパの戦争とされ、陸・海・空の全空間で戦われた、やや正規戦に近い戦争と言えるが、5日間の短期で終わった小国内における民族紛争への介入であった。

ウクライナ紛争のうち、クリミア半島併合はいわゆるハイブリッド戦、ウクライナ東部への軍事介入は親ロシア分離派勢力を背後から支援する形を装った戦いであり、ウクライナ政府から見ると局地での領土・民族問題を背景とした反政府武装闘争（反乱戦）と位置付けることが出来る。

シリア内戦への介入は、対テロ戦の分類に含まれるが、むしろロシアはシリアを各種新型兵器の実験場として利用した。

このように、ソ連邦崩壊後のロシアの主な戦争・紛争は、他国内の民族紛争に介入した対ゲリラ・対テロ戦が主体であり、軍事大国ロシアが軍事小国や反政府勢力などの非国家主体を容易に圧倒制圧することが出来た「小さな舞台での戦い」であった。

なお、ウクライナ紛争については、国際社会はロシアのクリミア半島併合を認めず、また東部ウクライナでの紛争が継続し、同紛争が未解決であったことから、２０２２年2月24日のロシアによるウクライナ侵攻という本格的戦争へと悪化したものである。

今般のウクライナ戦争は、日本の約１・６倍の面積を持つウクライナの全領域を戦場とする国家対国家、正規軍対正規軍の本格的戦争である。ロシアにとっては、規模的にも又態様的にも従来の戦争・紛争の経験則では律することのできない未体験ゾーンの「大きな舞台での戦争」であり、そこに踏み込んだことから、予期せぬ混乱や錯誤に陥っている。

**〈中国への含意〉**

先に触れたが、米英などの指導の下、NATO軍標準化に向けた軍改革を進めてきたウクライナ軍は、大きな戦力格差を克服しつつロシア軍に善戦敢闘している。毎年、ロシアと大規模な共同訓練を行ない相互運用性の向上を目指している中国としては、このウクライナ戦争の成行きを決して見逃す訳には行かないだろう。

中国は、第2次大戦型の中越戦争（1979年）以来、本格的な実戦経験がない。一方、主敵と見る米国は、冷戦終結後、湾岸戦争、ボスニア・ヘルツェゴビナ紛争、コソボ紛争、イラク戦争、アフガニスタン紛争など多種多様な現代戦を経験し、いわば「百戦錬磨」の教訓の上に将来戦の様相を睨んで常に変革を進めている。

中国にとって、この世界最強といわれる米軍の介入を招くことになれば、容易ならざる戦いになるとの認識を深めているのは間違いない。

このため、中国は、主に長距離火力により、米軍が西太平洋以西に入ることを阻止するためのアクセス（接近）阻止（A2）能力及び比較的短射程の火力により、第1列島線内の東シナ海から南シ

米国の対中軍事戦略・作戦（術）（概要）

| | | |
|---|---|---|
| 軍事戦略の目標 | ①第１列島線内での中国の持続的な海空支配（制海・制空権）の拒否<br>②台湾を含む第１列島線国の防衛⇒第１列島線上に米国と同盟国による A2/AD 能力を構築<br>③第１列島線外のすべての領域（ドメイン）の支配 | 米国の「インド太平洋戦略におけるフレームワーク」 |
| 陸　軍 | Multi-Domain Operations（MDO、マルチドメイン作戦）<br>→ Multi-Domain Task Force（MDTF、マルチドメイン任務部隊）の第１列島線国・重要島嶼等への展開 | ・海兵隊による先導<br>・長距離対艦ミサイル、防空ミサイルシステム、宇宙・サイバー・電子戦能力 |
| 海　軍 | ・Surface Force Strategy-Return to Sea Control（水上部隊戦略―制海への回帰）<br>・Distributed Lethality（DL、広海域分散配置）／Distributed Maritime Operations（DMO、分散海洋作戦）<br>・Littoral Operations in a Contested Environment（LOCE、紛争環境下における沿海域作戦） | シーコントロールのための海軍・海兵隊混成の沿岸戦闘群（LCG） |
| 海兵隊 | Expeditionary Advanced Base Operations（EABO、遠征前進基地作戦）<br>→小規模の海兵隊部隊が島嶼等に機動展開し、敵の海洋アセットを目標に対艦ミサイル等の火力を発揮して制海（SC）・海洋拒否（SD）の獲得維持に寄与する作戦 | ・SC／SD 支援<br>・長距離対艦ミサイル、防空ミサイルシステム<br>・陸軍展開支援 |
| 空　軍 | ・Air-Sea Battle（ASB、エアシー・バトル）<br>・Agile Combat Employment（ACE、迅速機敏な戦力展開） | DABS（広域展開基地システム） |

〈出典〉各種資料を基に筆者作成

ナ海での米軍の行動を排除するためのエリア（領域）拒否（AD）能力を保持することで米軍の介入を阻止する「接近阻止・領域拒否（A2／AD）」戦略を構想し、その能力を整備・強化している。

一方、米国は、中国のA2／AD戦略を逆手に取り、前頁に示すような形勢逆転戦略（Turn the Tables Strategy）ともいうべき戦略で対抗しようとしている。

米国は、「インド太平洋に対する米国の戦略的フレームワーク」（2018年2月NSC作成（機密）、2021年1月機密解除（公開））において、①第1列島線内での中国の持続的な海空支配（制海・制空権）を拒否し、②日本や台湾などの第1列島線国を防衛して第1列島線上に米国と同盟国・友好国によるA2／AD能力を構築し、③第1列島線外のすべての領域（ドメイン）を支配するという軍事戦略目標を掲げた。

それを具現化するのが、陸軍の「マルチドメイン作戦（MDO）」、海軍の「分散海洋作戦（DMO）」、海兵隊の「遠征前進基地作戦（EABO）」、空軍の「迅速機敏な戦力展開（ACE）」などであり、それらの作戦術あるいはドクトリンを総合一体化する形で、中国の海洋侵出に対する抑止・対処態勢を強化している。

このように、戦略は、常に脅威対象国を相手とした相対的なものであり、中国が米国のA2／AD対抗戦略に如何に対応できるかが、今後の東アジアにおける安全保障・防衛の動向を占う上での大きな鍵となろう。

## （2）新兵器の優位性への疑念と在来兵器との未融合

ウクライナ戦争でロシア軍が使用した兵器の多くは、従来の古い兵器であり、プーチン大統領が強調する最新兵器の使用は、至って限られている。

プーチン大統領は、2018年3月の年次教書演説で、米国内外に配備されているミサイル防衛（MD）システムを突破する手段として、「サルマト」「アヴァンガルド」「キンジャル」「ブレヴェスニク」「ポセイドン」の五つの新型兵器を紹介した。

また、その後、最高速度約マッハ9で1000km以上の射程を持つとされる海上発射型の極超音速巡航ミサイル（HCM）「ツィルコン」の開発がおおむね完了したと発表した。

そして、ウクライナ侵攻当日のテレビ演説で、現代のロシアは「世界で最も強力な核保有国の一つ」というだけでなく、最新兵器でも優位性があると強調した。

ウクライナ侵攻では、「キンジャル」（マッハ10以上）などの新兵器を使用したとロシア国防省が発表している。これに対し、オースティン米国防長官は2022年3月、米CBSテレビとの会見で極超音速ミサイルの威力などに触れ、「戦局を一変させるようなものとしてはみていない」と指摘した。また、米軍のミリー統合参謀本部議長は5月、下院歳出委員会小委員会の公聴会で、ロシアがウクライナ侵攻で使用している極超音速兵器は「速度以外に重要さはみられない」とし、「（戦況を変えるような）ゲームチェンジャーの効果はない」と述べた。さらに、米国防省のヒックス副長官は9月18日までに、ウクライナ戦況に触れ、ロシア軍は一部の極超音速兵器をウクライナ戦争に投入したものの軍事的な効用はほぼなかったとし、米国防省高官のいずれもがその優位性に疑念を呈した。

ロシアは、軍事介入したシリアを開発中の各種新型兵器の実験場として利用した筈であったが、予算等の制約で実用化あるいは戦力化に至っていない模様である。

他方、ロシアがウクライナの地上戦で実戦に投入したのは、旧式のT－12戦車や、装甲兵員輸送車、大砲・ロケットランチャー、短距離（戦術）ミサイルや巡航ミサイルなどが主体であり、最新兵器の優位性の発揮や新旧兵器と融合した「ハイ・ローミックス」のシステム運用の効果は今のところ確認されていない。

**〈中国への含意〉**

中国は、２０１９年10月１日の建国70周年の軍事パレードで23種の最新兵器を公開し、軍事力を内外に誇示した。

その中には、前述の通り、新型大陸間弾道ミサイル（ＩＣＢＭ）ＤＦ－41、極超音速滑空ミサイルＤＦ－17、超音速巡航ミサイルＣＪ－１００／ＤＦ－１００、超音速対艦巡航ミサイルＹＪ－12Ｂ／ＹＪ－18Ａ、最新鋭ステルス戦略爆撃機Ｈ20、攻撃型ステルス無人機ＧＪ－11、高高度高速無人偵察機ＷＺ－８、無人潜水艇（ＵＵＶ）ＨＳＵ００１など超音速ミサイルや無人戦闘システムがあり、電子戦などに力を入れていることが明らかになった。

超音速対艦巡航ミサイル YJ-18A

〈出典〉MISSILETHREAT, CSIS MISSILE DEFENSE PROJECT (Last Updated July 28, 2021)

中国は今後、近未来の戦場において、これらの新兵器の優位性を十分に発揮できるのか、そして、軍内で大きな比率を占める在来兵器の改善及び新兵器と融合した効果的・一体的な作戦ができるのかといった、ロシアがウクライナ戦争で直面し、成果を挙げることが出来なかった重要な課題の解決に力量を問われることになろう。

## 12　中国への含意：強化されるのか教訓の活用

ウクライナ戦争からの中国軍の教訓は、ロシア軍の戦略と能力の面における成功と失敗の双方から得られるであろう。

成功のまれな一例は、米国とNATOの介入を減らすための核使用のシグナルに代表される。

他方、多くの失敗の中には、ロシア軍の作戦全般の失態や不完全性を招くことになった、情報戦とサイバー戦、作戦・戦術と指揮統制、統合作戦と海上・航空優勢の獲得、兵站（後方支援）、戦時国際法と軍隊、士気の戦い、軍の「プロフェッショナル化」などの要因が挙げられる。

まして、ウクライナ戦争を現場で指揮する総司令官（統一部隊司令官）が、約10か月の間に3人交代したこと自体、極めて異常である。さらに、ロシア軍は、総じて冷戦時代に逆戻りした戦い方を行っており、予想されたマルチドメイン作戦（MDO）への現代化も衝撃的なまでに進んでいなかったことは驚きである。

このような有様は、ロシア軍がウクライナ侵攻を開始して以来、自ら設定した戦略目標を達成できていないという観点からすると、「軍事システムの体系的欠陥」、すなわちロシア軍組織に内在する本質的な問題の存在を露呈していると言わざるを得ない。

以上のそれぞれの要因について、中国軍はすでに問題としてアプローチしていると見られ、全く新しい課題とはならないであろう。しかし、ロシア軍の軍事システムにおける体系的欠陥の存在が指摘される中、同軍との歴史的・軍事的類似性を共有する中国軍がその観点からの認識や問題意識を持ち、それを顧みる客観的姿勢あるいは能力があるかどうかが今後大いに試されることになろう。

もし、その姿勢や能力があれば、改めて問題の存在を点検確認し、場合によっては中国が現在推進中の「軍改革」の方向性を再検討または改善する切っ掛けになるかも知れない。そうでなければ、ロシア軍と同じ途を辿ることになる可能性を否定することは出来ない。

中国軍は、ウクライナ戦争からの教訓を活用するため、「ウクライナ戦闘研究所（Ukrainian "battle lab"）」と呼ばれる研究所を設けていると報じられており、国を挙げて鋭意研究に取り組んでいることは間違いない。

2022年10月の中国共産党第20回党大会で、異例の3期目への続投を果たした習近平総書記（国家主席）については、個人崇拝の復活や長期政権が取り沙汰されている。

そのような中、特に習総書記の今後の5年間は、これまでの2期10年間以上に「最も不安定で不確実な時期」になるとの見方が強まっており、尖閣諸島や台湾への軍事侵攻を巡り、ウクライナ戦争から何を学び、何を教訓として活かそうとしているのかは、重大な関心事に違いないのである。

# 第2章　中国の対台湾「戦争に見えない戦争」はすでに始まっている
## ――ハイブリッド戦／グレーゾーンの戦いから急速な着上陸侵攻へ

### 第1節　「ハイブリッド戦」を提唱するゲラシモフ理論の実践

第1章において、ロシア軍総参謀長ゲラシモフの軍事理論の概要を述べ、それと共通して中国が、すでに日本や台湾などに対しハイブリッド戦あるいはグレーゾーンの戦いと呼ばれる「戦争に見えない戦争」「新しい戦争」を仕掛けていることを説明した。

ロシアのウクライナ侵攻による国際秩序への挑戦は、欧州に限った問題ではなく、米中のグローバルな対立・競争を背景に、とりわけインド太平洋地域は中国の覇権的拡大に伴う係争の中心にあり、その挑戦によって既存の国際秩序が深刻な脅威に晒されているからだ。

中国は、特に東シナ海から台湾海峡そして南シナ海において、力による一方的な現状変更やその試みを続けている。日本の固有の領土である尖閣諸島に対する「闘争」を執拗に継続するとともに、台湾をめぐっては、統一工作に注力しつつ、武力行使も辞さない構えを見せており、地域の緊張はいよいよ高まっている。

中露両首脳は2022年2月、ロシアのウクライナ侵攻直前のプーチン大統領の訪中に際し、両国関係を「冷戦時代の軍事・政治同盟モデルにも勝る」と評価した。また、ロシアのウクライナ侵攻が続く2023年3月に習近平国家主席がロシアを訪問し、新しい時代の「包括的・戦略的協力パートナーシップ」の深化について合意するなど、近年、両国は軍事的接近を強め戦略的連携を一段と図っている。

そのような中、中国が、前掲のゲラシモフ軍事理論や「ロシア連邦軍事ドクトリン2014」で示された、いわゆる「ハイブリッド戦」に関心を示すのは当然であり、台湾の武力統一を目指す中国にとっては格好の教材でもある。

習主席は、中国のシンクタンクにその研究を命じ、それによって、中国の台湾統一戦略や尖閣諸島・南シナ海などへの海洋侵出戦略に大きな影響を及ぼしていると見られている。

そこで、中国が日本や台湾などに仕掛けている「新しい戦争」の実態について、第1章で述べたロシアが挙げる「現代の軍事紛争の特徴及び特質」の項目に沿って分析してみることとする。

## 第2節　中国の対台湾「戦争に見えない戦争」はすでに始まっている
### ――ハイブリッド戦／グレーゾーンの戦いから急速な着上陸侵攻へ

### 1　「軍事・非軍事手段の複合的使用等」について

令和2年版『防衛白書』は、「中国は、軍事や戦争に関して、物理的手段のみならず、非物理的手段も重視しているとみられ、「三戦」と呼ばれる「輿論戦（よろんせん）」、「心理戦」及び「法律戦」を軍の政治工作の項目としているほか、軍事闘争を政治、外交、経済、文化、法律などの分野の闘争と密接に呼応させるとの方針も掲げている」と記している。

その「三戦」について、米国防省は以下の通り定義している。

「輿論戦」は、中国の軍事行動に対する大衆及び国際社会の支持を得るとともに、敵が中国の利益に反するとみられる政策を追及することのないよう、国内及び国際世論に影響を及ぼすことを目的とし、

「心理戦」は、敵の軍人及びそれを支援する文民に対する抑止・衝撃・士気低下を目的とする心理作戦を通じて、敵が戦闘作戦を遂行する能力を低下させようとし、また、

「法律戦」は、国際法および国内法を利用して、国際的な支持を獲得するとともに、中国の軍

事行動に対する予想される反発に対処するものである。

中国の武装力は、人民解放軍（中国軍）、人民武装警察部隊（武警）と民兵から構成されている。本来、海上法執行機関である「中国海警局」は2018年7月、武警隷下に「武警海警総隊」として移管され、中央軍事委員会による一元的な指導及び指揮を受ける武警のもとで運用されている。中国は、海洋侵出の野望を実現するため、海上民兵（リトル・ブルーメン）に海軍及び海警局の先兵的役割を担わせている。

海上民兵は、普段、漁業等に従事しているが、命令があれば、民間漁船等で編成された軍事組織（armed forces）に早変わりし、軍事活動であることを隠すため、漁民等に装って任務を遂行する。

東シナ海の尖閣諸島や南シナ海で見られるように、海上民兵は、中国の一方的な権利の主張に従い、情報収集や監視・傍受、相手の法執行機関や軍隊の牽制・妨害、諸施設・設備の破壊など様々な特殊作戦・ゲリラ活動を行いつつ、係争海域における中国のプレゼンス維持を目的とし、あるいは領有権を主張する島々に上陸して既成事実を作るなど幅広い活動を行い、中国の外交政策や軍事活動の支援任務に従事している。

その行動は、「サラミ1本全部を一度に盗るのではなく、気づかれないように少しずつスライスして盗る」という寓意に似ていることから、「サラミスライス戦術」と呼ばれている。

「サラミスライス戦術」を行う海上民兵が乗船する漁船等の周りを海警局の艦船が取り囲み、公船の後方に海軍の艦艇が控え、島や岩礁を二重三重に囲んでそれを奪取する作戦の様相が、中心を1枚ずつ包み込んでいるキャベツの葉に似ているので、これを「キャベツ戦術」と呼んでいる。「三戦」に「サラミスライス戦術」と「キャベツ戦術」を連動させた中国の工作には、計算尽くの巧妙な仕掛けが潜んでいるのである。

**（1）対日本工作**

まず、中国は、歴史的にも国際法上も日本固有の領土である尖閣諸島を、中国の「領海・接続水域法」で自国領土と規定した「法律戦」に訴えつつ、妥協の余地のない「核心的利益」と主張している。その虚構の上に、尖閣諸島周辺海域で漁船（海上民兵）を活動させ、その保護を名目に、あるいは同海域で適法に操業する日本漁船を違法操業として取り締まるとの口実で、海上法執行機関（海警）を常続的に出動させている。そして、「釣魚島は中国固有の領土である」という題目の白書を発表するとともに、いかにも尖閣諸島を自国領として実効支配しているかのように国際社会に向けた大規模な「輿論戦」を繰り広げ、同時に、日本及び日本国民に対しては力の誇示や威圧による士気の低下を目的とした「心理戦」を展開している。

**（2）対台湾工作**

台湾に対し中国は、いわゆる「独立反対・統一促進」の目標を展開するため、「三戦」思想を採用するとともに、ソフト・ハード両面の工作をレベルアップさせている。ソフトな策略では「台湾人民に希望を託す」との統一戦線工作を強化し、ハードな工作では軍事、外交、政治、法律面において「独立反対・独立禁止」を口実に「一つの中国原則」の枠組みを国際社会において拡散させている。

「台湾人民に希望を託す」との統一戦線工作では、経済的利益によって台湾の特定の地域、党派、部族、階層、業界を懐柔して世論を知らず知らずのうちに「一つの中国原則」という統一戦線の枠組みに誘導し、同時に台湾の政府と国民との間に対立する矛盾を作り上げて台湾の民意を主導し、中台関係の行方をコントロールしようとしている。また、中台間の貿易関係の交流を深め、とりわけ「独立反対」と「92共識（コンセンサス）」を前提とした中台政党間の交流と対話や民間の交流と往来を強化し、台湾の中国経済に対する依存度を高めている。

「一つの中国原則」の軍事面では、台湾の武力統一を前提とした「軍改革」により対台湾部署を強化し、台湾を包囲するような形での軍事演習を常態化して威嚇の手段としている。

外交面では、国交のある国や国際組織に「一つの中国原則」をアピールして台湾を国際的に孤立させ、台湾の主権弱体化の徹底を図っている。

そして、法律面では「反国家分裂法」を制定して台湾への武力行使の法的根拠とするなど、これらの相乗効果をもって「戦わずして台湾を屈服させる」との工作をいよいよ強めている。

このように、中国の日本や台湾に対する軍事・非軍事的手段の複合的使用による「戦争に見えない戦争」は、すでにこの段階まで進んでおり、中国の尖閣・台湾奪取工作は危機的状況にまで高まっている。

そして、中国は、同島周辺地域で不測の事態が起きることを虎視眈々と窺っており、もしそのような事態が発生すれば、力による現状変更の好機と見て軍隊（海軍）を出動させ、軍事的解決に訴える態勢を整えているのである。

## 2 「敵対国家内の政治勢力や社会運動に対する指示・財政支援」について

### （1）対日本工作

米シンクタンクの戦略国際問題研究所（CSIS）は2020年7月末、「日本における中国の影響力」についての調査報告書を発表した。中でも、中国の沖縄工作が注目されている。

同報告書は、中国が世界中で展開する戦術には、中国経済の武器化（取引の強制や制限）、ナラティヴ（作り話）による自国優位性の主張（虚偽情報とプロパガンダ）、エリート仲介者の活用、在外華人の道具化、権威主義的支配の浸透などがあるという。

こうした工作を、中国は日本に対しても行い、表向きの外交から、特定個人との接触とその隠ぺい、強制、賄賂による買収（3C：Covert, Coercive, and Corrupt）を用いているとしている。特に、尖閣諸島を有する沖縄県は、日本の安全保障上の重要懸念の一つであり、米軍基地を擁するこの島で、外交、ニセ情報、投資などを通じて、日本と米国の中央政府に対する不満を引き起こしていると指摘している。

また、同報告書は、中国共産党が海外の中国人コミュニティに影響を与えるために使用する多くの方法の一つが中国語メディアであり、日本における同メディアを通じた中国の影響力の最も重要なターゲットは沖縄だと指摘する。

この件については、日本の公安調査庁も年次報告書『内外情勢の回顧と展望』（2015・17年版）において、中国官製メディアの環球時報や人民日報が、日本による沖縄の主権に疑問を投げかける論文を複数掲載していることを取り上げ、沖縄で中国に有利な世論を形成して日本国内の分断を図る戦略的な狙いが潜んでいると指摘し、今後の沖縄に対する中国の動向に注意を喚起している。

このように、中国が沖縄に「独立宣言」をさせる工作を進め、中国に取り込む可能性があるとの懸念が広がっている。

**（2）対台湾工作**

近年、台湾では、中国のスパイ活動が政治、経済、国防や情報、文化、イデオロギーなどあらゆる分野に浸透し、特に民進党政権となって以降、その活動が一段と強化されている。

台湾で暗躍する中国のスパイの数は、5000人以上と見られ、蔡英文総統は2019年1月、政府の捜査機関、法務部（法務省）調査局の式典で「昨年は（スパイ行為など）国家安全に関わる事件で計52件、174人を摘発した」ことを明らかにし、「（台中）交流活動を名目に情報収集をしたり、台湾にスパイ組織を構築したりするケースがある」（以上、括弧は筆者）と中国当局による諜報活動に強い警戒感を示した。

そのような中、2022年には、「台湾史上最大のスパイ事件」と呼ばれる「張哲平事件」が発生した。張哲平氏は2021年6月まで国防部（国防省に相当）のナンバー3である副部長（国防次官）を務めた空軍上将で、中国側のスパイと接触し、機密情報を漏らした疑いがあるとして、台湾の情報機関と治安当局の捜査対象となっていた。さらに、台北地方検察署（地検）は、この事件にかかわったとして、張氏の元部下で台湾空軍の退役少将と陸軍の退役中佐の2人を国家安全法違反の罪で起訴した。

翌2023年1月年明け早々には、台湾軍の部隊配置や軍用機・軍艦の性能に関する情報を中国側に漏洩した「国家機密保護法」違反などの容疑で台湾空軍の元大佐1人と海・空軍の現役将校3人の計4人が検挙された。

このように、台湾の軍幹部が中国情報機関の協力者となったスパイ事件は毎年のように発覚しており、中国側の浸透工作が軍首脳にまで及んでいる事態の深刻さが明らかになり、台湾社会に大きな衝撃を与えている。

一方、政界では、中国当局から資金を得て台湾統一を主張する政治団体「中華統一促進党」が、反「台湾独立」運動や民進党の蔡英文政権への抗議活動に人を動員していた疑いが持たれている。同党は、八田與一の銅像を破壊した反日団体としても知られており、中国は台湾を併合するために、政界をターゲットにした政治工作にも力を入れている。

また、2期8年にわたった民進党・陳水扁政権の後、国民党の馬英九が総統に就任した頃から、台湾のマスメディアの報道・言論空間のなかに中国の影響力が浸透するようになっている。

日本台湾学会の川上桃子氏の論説「台湾マスメディアにおける中国の影響力の浸透メカニズム」（日本台湾学会報第十七号（2015.9））によると、中国の浸透メカニズムの浸透経路は下記の四つに代表されるとのことだ。

①中国で事業を展開ないしは展開を計画している台湾の事業家たちによる、中国政府からの庇護や支持を取り付けるための台湾マスメディアの買収と報道・言論内容への介入

②中国の各級政府による台湾での「報道の買い付け」

③台湾テレビ局の番組の売買や番組制作面における中国の省・市傘下のテレビ局との提携等の強化→中国側の政治的意図の浸透

④中国政府と台湾メディア企業の直接的なコミュニケーションの日常化→メディアによるニュース処理プロセスのなかへの中国の影響力の侵入

このようにして、台湾の新聞やテレビにおいて、「中国を褒めたたえる報道」が増える一方で、

中国政府にマイナスとなるニュースを意図的に小さく扱ったり、無視したりする傾向が現れている。また、中国とドラマ番組の商談を進めていた台湾のテレビ局が、中国側からの示唆を受けて中国に批判的なトークショー番組を打ち切るといった事案が起きており、台湾統一を国家目標として掲げる中国の情報戦・世論工作が、マスメディアを通じて日々台湾国民の中に浸透し、ボディーブローのように効いていくことになろう。

これと関連して、中国は、台湾に対しサイバー攻撃や偽情報キャンペーン、認知的操作などのハイブリッド戦を常態的に仕掛け、台湾政府の信用を失墜させ、民間人や軍人の士気を下げ、社会経済活動を混乱させようと目論んでいるという。

このように、中国は、敵対国家内の政治勢力や社会運動に対し指示や財政支援を行い、浸透工作や影響工作に注力している。

## 3 「敵対国家の領域内における軍事活動地域の創出」について

### (1) 対日本工作

中国は、日本固有の領土である尖閣諸島周辺の領海や接続水域に海上法執行機関である海警局の艦船を絶え間なく送り込み、同諸島の領有をかたくなに主張している。

同時に、海上・航空戦力をもって尖閣諸島周辺を含む日本周辺海空域における活動を拡大・活発化させ、自衛隊艦艇・航空機への火器管制レーダーの照射や戦闘機による自衛隊機・米軍機への異常接近、他国の飛行の自由を妨げるような「東シナ海防空識別区」の設定など、不測の事態を招きかねない危険な行為を伴うものもみられ、行動を一方的にエスカレートさせかねないとして強く懸念される状況となっている。

中国海軍艦艇は、尖閣諸島に近い海域で恒常的に活動している。2016年6月、ジャンカイⅠ級フリゲート1隻が海軍戦闘艦艇としては初めて尖閣諸島周辺の接続水域に入域した。2018年1月には、シャン級潜水艦及びジャンカイⅡ級フリゲートそれぞれ1隻が同日に尖閣諸島周辺の接続水域内に潜水航行で入域したことが初めて確認・公表された。また、2020年6月及び2021年9月には、奄美大島周辺の接続水域において中国国籍と推定される潜水艦の潜水航行が確認されている。さらに、2015年から22年にかけて、海軍情報収集艦の活動も複数確認されている。また、最近では、中露海軍の艦艇が、日本列島を周回する形での共同演習などを実施するようになっている。

中国軍航空戦力も、沖縄本島をはじめとする南西諸島により近接した空域において活発に活動するようになり、近年、尖閣諸島に近い空域における活動も確認されている。

その中には、警戒監視や空中警戒待機（CAP）、戦闘訓練などが含まれ、「東シナ海防空識別区」の運用を試している可能性がある。さらに、Y－9情報収集機やY－9哨戒機、BZK－00

5偵察用無人機などによる偵察活動も継続的に行われている。

また、海軍と同様、爆撃機によるロシアとの長距離共同飛行が東シナ海から日本海、さらには太平洋にかけて行われるようになった。

このため、航空自衛隊による中国軍機に対する緊急発進（スクランブル）の回数は、平成28（2016）年度には851回と過去最多を更新し、以降も引き続き高水準にあり、令和3（2021）年度は722回（全体の約72％）と過去2番目の多さを記録した。

中国海・空軍は、宮古水道など日本近海を航行して太平洋への進出及び帰投を、高頻度で繰り返し実施している。

このような活動を通じ、中国は日本の領域内及びその周辺海空域において軍事活動地域の創出を常続的に行っており、もし不測の事態が生起すれば、直ちに軍事行動へ移行する構えを崩していない。

**（2）対台湾工作**

一方、中国は、台湾周辺での軍事活動を一段と活発化させており、特に、台湾国防部によれば、2020年9月以降、中国軍機による台湾南西空域への進入が増加している。その一連の活動を通じ、中国は訓練、情報収集・警戒監視に加え、台湾及び国際社会に対する軍事的圧力、平素からの台湾への消耗戦の実施、実戦能力向上などを企図しているものとみられる。

〈出典〉読売新聞オンライン【インタビュー】「台湾近海　中国の軍事演習の狙い　門間理良防衛省防衛研究所・地域研究部長」（2022/11/02 16:26）

また、2021年8月17日、中国軍東部戦区は、台湾本島南西・南東周辺の海空域において統合火力強襲などの実動訓練を実施したと発表し、この目的を「外部勢力による干渉と台湾独立勢力による挑発への厳正な回答である」と説明した。

そのような中、米国のペロシ下院議長は、2022年8月2日夜、台湾訪問のため台北松山空港に到着した。その対抗措置として中国軍は、4日正午から4日間にわたり、台湾を包囲するかのように6か所の演習区域を設定し、第3次台湾海峡危機（1996年）以来となる大規模軍事演習を実施した。演習では、台湾北方、東方、南方の各海域に向けて弾道ミサイル「東風」9発（台湾側発表は11発）を数回に分けて発射し、そのうちの5発（上記要図⑤、⑥～⑨）は日本の排他的経済水域（ＥＥＺ）内に撃ち込まれた。

その後も軍事演習を継続し、中国軍機は、台湾海峡中間線を越えて台湾側への侵入を繰り返しており、事実上の中台軍事境界ラインを無視して台湾により近い場所で軍事的な圧力を継続させる「新常態（ニューノーマル）」を作り出し、力による現状変更を図ろうとしている。この一連の事態は、「台湾本島侵攻の予行演習」や「第4次台湾海峡危機」とも呼ばれている。

このように、近年、中国が、台湾周辺の海空域などにおける着上陸・戦力投射訓練の実施を、台湾及び国際社会に対するけん制と絡めて発信する事例が顕著になっている。台湾周辺での中国側の軍事活動の活発化と台湾側の対応次第では、中台間の軍事的緊張が一挙に高まる可能性も否定できない緊迫した状況が続いている。

こうして中国は、尖閣諸島や台湾を焦点に軍事活動を行う地域を意図的に作り出すとともに、活動の「常態化」を通じて警戒感を低減させつつ消耗戦や対応疲れを狙っているものと見られている。そして、今後、不測の事態が生起するか、あるいは好機到来と判断すれば、日台や米国の隙を突いて一挙に軍事活動へとエスカレートさせるリスクがあると考えておかなければならない。

## 4 「軍事活動への短時間での移行」について

中国は、東シナ海の尖閣諸島、台湾、南シナ海そしてインドとの国境で、領土的野心を露わにしている。

２０２０年6月に中国とインドの国境付近で発生した両国軍の衝突は、中国が自国周辺の領有権主張を巡り、一段と強硬姿勢をとるリスクを浮き彫りにした。また、その衝突によって、中国が国境付近の現状を変えるため、現場の比較的小規模な小競り合いを利用してごく短時間に軍事行動へ移行することも明らかになった。

また、ロシアがウクライナへの軍事侵攻で「泥沼」に嵌っている状況に鑑み、中国が尖閣や台湾侵攻を発動する場合、自衛隊や台湾軍そして米国をはじめとする国際社会の支援の機先を制するという意味から、侵攻の準備と実行を素早く、電撃的に行う「作戦の迅速化」がいかに大事かを理解したに違いない。

つまり、中国の尖閣諸島や台湾を焦点とする着上陸侵攻は、「Short, Sharp War」（迅速侵攻・短期決戦の激烈な戦争）になると見られている。

そのシナリオの一例はこうだ。

米国がＩＮＦ全廃条約の影響で、東アジアに対する中距離（戦域）核戦力による核の傘を十分に提供できない弱点に乗じて、中国軍は日本や台湾に核恫喝をかけてその抵抗意志を削ぐ。同時に、対艦・対地弾道ミサイルを作戦展開し、それによる損害を回避させるべく米海軍を第2列島線以遠へ後退させるとともに、米空軍を北日本やグアムなどへ分散退避させる。

その米軍事力の空白を突いて、中国軍は、海空軍を全力展開して東シナ海から台湾海峡、そして南シナ海の海上・航空優勢を獲得し、その掩護下に海上民兵や日本や台湾国内で武装蜂起した特殊部隊などに先導され、尖閣諸島をはじめとする南西諸島地域や台湾に奇襲的な着上陸作戦を敢行し、一挙に同地域を奪取占領するというものだ。

まさにその軍事作戦は、「Short, Sharp War」、すなわち迅速侵攻・短期決戦を追求する激烈な戦争を目指すものとなる。

その際、米陸軍及び海兵隊は、中国軍の侵攻に遅れまいとして第1列島線への早期展開を追及することから、中国軍の侵攻と米地上部隊の展開が交錯する戦場でどちらが主導権を握れるかが鍵である。したがって、日本や台湾などの第1列島線の国々は、米陸軍・海兵隊の受け入れをスムーズに行う体制を平時から整備しておくことが重要である。

一方、米国は、ウクライナ戦争においてロシアが核兵器の使用を示唆する核恫喝を行い、さらに実際に核攻撃へとエスカレートするリスクがあるとの見通しから、紛争が欧州戦争あるいは第3次世界大戦へと全面的に拡大することを恐れて直接的な軍事介入の選択肢を排除した。

このように、尖閣・台湾ケースにおいて米国が、中国との核戦争へのエスカレーションを恐れ、米軍の派遣を躊躇する可能性があることも現実論として真剣に検討しておくべきである。

## 5 「マルチドメイン作戦による戦争」について

中国は、日米などが新たな戦いの形として追求しているマルチドメイン作戦（ＭＤＯ）という言葉を使用していないが、それに相当する概念を「情報化戦争」さらには「智能化戦争」と呼んでいる。

中国は、２０１６年７月に公表された「国家情報化発展戦略綱要」などで表明しているように、経済と社会発展のための道は情報分野に依存しているとし、軍事的側面からは情報化時代の到来が戦争の本質を情報化戦争へと導いていると認識している。そして、「情報戦で敗北することは、戦いに負けることになる」とし、情報を生命線と考えるのが中国の情報化戦争の概念である。そのため、従来の陸海空の領域に加え、敵の通信ネットワークの混乱などを可能とするサイバー領域や、敵のレーダーなどを無効化して戦力発揮を妨げることなどを可能とする電磁波領域、そして敵の宇宙利用を制限する宇宙領域を特に重視して情報優越の確立を目指している。

さらに、２０１９年７月に公表された国防白書「新時代における中国の国防」においては、世界の軍事動向について「インテリジェント化（智能化）戦争が初めて姿を現している」との認識を示し、「智能化戦争」を提唱するようになった。

智能化戦争とは、「ＩｏＴ情報システムに基づき、智能化された武器・装備とそれに応じた作戦方法を用いて、陸、海、空、宇宙、電磁、サイバー及び認知領域において展開する一体化した戦争」としている。したがって、中国の将来の戦闘様相においては「認知領域」も重要な手段になってくる可能性があり、それを受けて、台湾の「2021年国防報告書」では一般市民の心理を操作・かく乱し、社会の混乱を生み出そうとする「認知戦」への懸念が示されている。

この智能化戦争の概念は、IoT（モノのインターネット）やAI（人工知能）などの先端技術を背景とした世界の軍事技術発展の動向に対応し、情報化局地戦に勝利するとの軍事戦略に基づいて、軍事力の情報化を主眼としていた方針を一段と深化させたものと考えられる。

中国は、中国軍と世界の先進的な軍の水準との間には未だ大きな格差があり、特に米軍との軍事力格差のオフセットを企図し、そのためには軍隊の「智能化」が必要条件であることを自覚している模様だ。そのため、将来的に智能化戦争で米軍に「戦える、勝てる」「世界一流の軍隊」の建設を目指していくものと考えられる。

その際、中国の情報化戦争ないし智能化戦争は、米国のような全般的な能力において優勢な敵の戦力発揮を効果的に妨害する非対称的な能力を獲得するという意味合いもあり、新たな領域における優勢の確保を重視して注力することになろう。

前述の通り、「孫子」の忠実な実践者である中国は、情報化戦争の一環として政治戦や影響工作も重視している。また、1999年に発表された中国空軍大佐の喬良と王湘穂による戦略研究の共著『超限戦』は、25種類にも及ぶ作戦・戦闘の方法を提案し、通常戦、外交戦、国家テロ戦、諜報戦、金融戦、ネットワーク戦、法律戦、心理戦、メディア戦などを列挙し、これらのあらゆる手段で制限無く戦うものとして今後の戦争を捉えており、中国の情報化戦争ないし智能化戦争への対応に少なからぬ影響を及ぼしているものと見られる。

## 6 「技術的優越の追求と先進的兵器の使用」について

中国は、2019年10月1日の建国70周年の軍事パレードで23種の最新兵器を公開し、軍事力を内外に誇示した。

その中で、極超音速ミサイルや無人戦闘システム、電子戦などに力を入れていることが明らかになったが、パレードで公開された最新兵器は全て実際に配備されていると説明されている。

その一部を紹介すると下記の通りである。

新型大陸間弾道ミサイル（ICBM）DF－41、極超音速滑空ミサイルDF－17、超音速巡航ミサイルCJ－100／DF－100、超音速対艦巡航ミサイルYJ－12B／YJ－18A、最新鋭ステルス戦略爆撃機H20、攻撃型ステルス無人機GJ－11、高高度高速無人偵察機WZ－8、無人潜水艇（UUV）HSU001など。

中国は、全般的な兵力やグローバルな作戦展開能力、実戦経験でなお米国に後れを取っているとはいえ、今や自国からはるか遠くでも作戦を遂行する能力を持ち、インド太平洋地域の紛争を巡る

極超音速滑空ミサイル DF-17

〈出典〉The EurAsian Times (Friday, November 4, 2022)

米軍および同盟国軍に対するA2/AD能力を有する自国製兵器を幅広く取りそろえている。

中国は、米国に対する技術的劣勢を跳ね返すため、特に、海洋、宇宙、サイバー、人工知能(AI)といった「新たな領域」分野を重視した「軍民融合」政策を全面的に推進しつつ、軍事利用が可能な先端技術の開発・獲得に積極的に取り組んでいる。中国が開発・獲得を目指す先端技術には、将来の戦闘様相を一変させるゲームチェンジャー技術も含まれており、技術的優位性の追求を急速かつ執拗に進めている。

## 7 「ネットワーク型指揮システムによる部隊指揮・兵器運用の集中化・自動化」について

中国は、台湾の武力統一や米国との覇権獲得競争に勝利することを前提に、建国以来最大規模とも評される「軍改革」を急ピッチで進めている。

軍改革は、2016年末までに、第1段階の「首から上」の改革と呼ばれる軍中央レベルの改革が概成している。2017年以降は、第2段階の「首から下」と呼ばれる現場レベルでの改革を本格化し、さらに「神経の改革」と呼ばれる第3段階の改革に着手している。

中国は、中央軍事委員会に習近平総書記を「総指揮」とし、最高戦略レベルにおける意思決定を行うための「統合作戦指揮センター」を設立した。これをもって、習総書記が、統合参謀部や政治工作部などで構成される中央軍事委員会直属機関の補佐を受け、統合作戦指揮センターにおいて中国全軍を集中一元的に指揮する体制が整ったことになる。

また、中央軍事委員会／統合作戦指揮センターの直下に、従来、総参謀部が持っていた多くの作戦支援部門の機能を統合して、航空宇宙部、ネットワークシステム（サイバー）部、電子電磁システム部および軍事情報部から構成され、情報の戦いを一体的に遂行できる戦略支援部隊が編成された。

さらに、これまでの「7大軍区」が廃止され、軍全体で統合運用能力を高めるため、統合作戦指揮を主導的に担当する「5大戦区」、すなわち東部、南部、西部、北部及び中部戦区が新編され、常設の統合作戦司令部がおかれている。

これに先立つ2014年7月、環球時報(電子版)は、中国軍が2013年11月、東シナ海に防空識別圏を設定したのに続き、「東海(東シナ海)合同作戦指揮センター」を新設したと伝えた。合同指揮センターは、中国各軍区の海、空軍を統合し、東シナ海の防空識別圏を効果的に監視し、日本の軍事的軽挙妄動を防止するのが目的だと報じている。

このように、中国は、マルチドメイン作戦としての情報化戦争ないし智能化戦争で「戦える、勝てる」(習総書記)よう、統一機構の指揮下で統合作戦遂行能力の向上とシームレスにリンクした諸軍種、諸兵種、諸領域の作戦能力の一体化に向けて、ネットワーク型指揮統制システムによる部隊指揮および兵器運用の集中化・自動化に注力している。

## 8 「軍事活動への非公式の軍事編成及び民間軍事会社の関与」について

中国は、2010年7月に国防関連法制の集大成となる「国防動員法」を制定した。同法は、有事にあらゆる権限を政府に集中させるもので、民間の組織や国内外に居住する中国公民に対して、政府の統制下に服する義務を課している。

国防動員の実施が決定されれば、公民と民間組織は、国防動員任務を完遂する義務を負い、軍の作戦に対する支援や保障、戦争災害の救助や社会秩序維持への協力などが求められる。

同法は、日本国内で就職している中国国籍保持者や留学生、中国人旅行者にも適用され、突発的に国防動員がかかった場合は、中国の膨大な「人口圧」がわが国の安全保障・防衛に重大な影響を及ぼさずには措かないため、これを深刻に受け止め、有効な対策を練っておかなければならない。

また、同法は、国が動員の必要に応じ、組織および個人の設備施設、交通手段のほか物資を収容及び徴収することができると定めており、その際の徴用の対象となる組織や個人は、党政府機関、大衆団体、企業や事業体などで、中国国内の全ての組織と中国公民、中国の居住権をもつ外国人をも含む全ての個人としている。

つまり、同法は、中国に進出している日本企業や中国在住の日本人をも徴用の対象としている点に注意が必要である。

コロナ禍によって、マスクをはじめとする薬や医薬品、医療機器など、日本人の生命や国家の生存に関わる生活必需品や戦略物資が不足したことがある。その原因は、例えば、中国でマスクを生産していた日本企業が中国の国防動員の徴用の対象となったことにあり、医薬品などを極度に中国に依存し、脆弱性を露呈した厳しい現実を決して忘れる訳にはいかない。

他方、中国は、２０１７年に軍隊と民間を結びつけ、軍需産業を民間産業と融合させる「軍民融合」政策を国家戦略として正式採用した。その狙いは、軍の近代化のために民間企業の先進的な技術やノウハウを利用することにある。中でも、最先端の軍民両用（デュアル・ユース）の技術を他国に先駆けて取得・利用することを重視していることから、民間セクターと軍事の壁を曖昧にし、あるいは排除して軍事分野に活用する動きを強めている。

このため、国有企業と民間企業の相互補完的な関係作りに取り組みつつ、米国の軍産複合体を目指すとともに、国有企業の規模・シェアの拡大と民間企業の縮小・後退を意味する「国進民退」を積極的に推進し、政府の官僚を「政務事務代表」としてアリババやＡＩ監視カメラメーカーのハイクビジョン（海康威視）などの重点民営企業に駐在させ、政府官僚による民営企業の直接支配を進めている。このような共産党一党独裁体制下での軍民融合は、軍事力の近代化・強化がすべてに優先する「軍国主義」化に拍車をかける危険性がある。

軍民融合政策と同時に警戒しなければならないのが、「国家情報法」である。

同法は、「国家情報活動を強化及び保障し、国の安全及び利益を守るため」（同法第1条）、国内外の情報工作活動に法的根拠を与える目的で作られた。その第7条では「いかなる組織及び国民も、法に基づき国家情報活動に対する支持、援助及び協力を行い、知り得た国家情報活動についての秘密を守らなければならない」と定め、国内外において一般の組織や市民にも情報活動を義務付けている。

つまり、中国は軍民融合政策と国家情報法を一体として運用しており、そのことは、日本や台湾の企業や研究者が意図せずして、あるいは気付かないうちに、中国軍によるドローンや人工知能

（ＡＩ）などに係る民間の最先端技術や専門知識の取得を助け、新たなリスクを生み出す危険性があることを意味する。

このように、中国は、軍事活動に民間の組織や公民を動員する体制を敷き、また、軍の近代化のために民間企業の先進的な技術やノウハウを利用しようとして、民間セクターと軍事の境界を曖昧にし、あるいは排除して軍事分野に積極的に活用する動きを強めている。

以上、ロシアが挙げる「現代の軍事紛争の特徴及び特質」の項目に沿いながら、中国が日本や台湾などに仕掛けている「新しい戦争」の実態について概観した。

そこから読み解けることは、中国は、ロシアの軍事ドクトリンとほぼ同じシナリオに沿って軍事活動や政治・外交工作などを行っていることである。

ロシアは当初、ウクライナで純然たる平時でも戦時でもない境目において、軍事的手段と非軍事的手段を複合的に使用し、ハイブリッド戦（グレーゾーンの戦い）と呼ばれる外形上「戦争に見えない戦争」を始めた。それと同じあるいは更に厄介な戦争を、中国は日本や台湾などに対してすでに仕掛けていることは疑う余地のない事実である。

さらに、ロシアは、実際に軍事力を行使することなくその意志に従わせようとする「強要（compellence）」に失敗し、それによる可能性が尽きたため、２０１４年にクリミア半島併合と東部ウクライナへの軍事介入に踏み切り、その延長線上で２０２２年にはウクライナに対する本格的かつ全面的な軍事侵攻へとエスカレートするに至った。

繰り返すが、中国による日本や台湾などへの「戦争に見えない戦争」はすでに始まっている。しかし、それをもって戦争の政治目的を達成できないと判断した場合、地上を主戦場としたロシアの場合と態様は異なるが、中国は一挙に海を越えた軍事作戦、すなわち着上陸（水陸両用）作戦による軍事侵攻へと移行し、最先端技術・兵器を駆使した「情報化戦争」ないし「智能化戦争」に打って出るのは必至の情勢である。

したがって、日本や台湾をはじめとする第1列島線国には、「戦争に見えない戦争」から急速な軍事侵攻へと移行する蓋然性の高い中国の覇権拡大の野望に対し、実効性のある抑止・対処体制の早期確立こそが、今差し迫った死活的課題として突き付けられているのである。

# 第3章 中国は台湾を着上陸侵攻できるのか

## 第1節　台湾の防衛

### 1　台湾侵攻に必須の着上陸（水陸両用）作戦

中国は、日本の固有の領土である「尖閣諸島は台湾の付属島嶼」であり、「台湾は中国の一部」であると一方的に主張している。そして、「祖国の完全統一は必ず実現できる」とし、「決して武力行使の放棄を約束しない」と強調して台湾統一に断固たる決意を示している。

このわずか数行の文脈から読みとれることは、中国による台湾統一は、単に台湾の占領に止まらず、同時に尖閣諸島を焦点とした南西地域もターゲットになる可能性が極めて高いということであり、まさに「台湾有事は日本有事」である。

中国の尖閣諸島や台湾への軍事侵攻は、まず、水中を含む海上及びその上空が中心的作戦フィールドとなる。それは、日本と台湾が島国であり、大陸の中国との間が海で隔てられているからだ。

古（いにしえ）の時代には、海は大きな障害物であったが、今日では油断すると脅威は容易にかつ直ちに海を越えてやってくる。

中国が、島国である日本や台湾の領土を占領しようとする場合、侵攻正面で海上優勢及び航空優勢を獲得した後、海又は空を経由して海軍陸戦隊や陸軍といった地上部隊を上陸又は着陸させる着上陸作戦を行うことが必須条件であり、それによる決着に待たねばならない。

なぜならば、相手国の占領という政治目的を達成するには、その領土と国民を支配することが必要不可欠であり、海空からの航空攻撃やミサイル攻撃などでは、軍事施設や主要インフラなどを破壊し、軍事力を減殺するとともに、社会経済活動を混乱させ、国民の抵抗意思を弱体化させることはできるが、領土と国民を支配することは出来ないからだ。そのため、地上兵力による「ブーツ・オン・ザ・グラウンド」が必須となる。

着上陸作戦は、基本的に「遠征作戦」あるいは「外征作戦」であり、そこに必要な基本的作戦機能は、前掲の通り①侵攻正面における海上・航空優勢の獲得、②相手国領土への地上部隊の戦力投射に加え、③主として大量輸送が可能な海上からの兵站（後方支援）の提供が不可欠である。さらに相手国領土への地上部隊の戦力投射は、海上及び航空の空間（ドメイン）を経由する艦艇や航空機などを手段とした経海機動作戦と経空機動作戦から構成されることから、④陸海空の力を結集した統合作戦となる（以下、「着上陸作戦の4要件」という）。

その際、例えば、海軍・海兵隊の航空機に空軍や陸軍の航空機（ヘリコプターやドローンを含む）が入り乱れて航空作戦を行った場合の空域管理（空域使用の統制）、そして着上陸部隊の攻撃を支援する艦砲射撃や各種ミサイル攻撃等との火力調整などは極めて複雑困難になり、作戦の遂行を危うくする恐れがある。

このように、着上陸作戦は、作戦運用上も技術上もスケールが大きくかつ複雑・精巧な仕組みと協同連携が要求される。そのため、米軍は、海軍及び海兵隊のみで排他的に着上陸作戦を遂行する能力を有しているが、中国軍が台湾へ侵攻する場合は、陸海（含む海軍陸戦隊）空の3軍種でそのような「統合着上陸作戦システム」を構築できるかどうかが大きな課題である。

一方、侵攻する地上部隊は、艦艇や航空機で移動している間や上陸又は着陸の前後は、組織的な戦闘力を発揮するのが難しいという弱点がある。したがって、被侵攻国である日本や台湾の立場に立つと、着上陸侵攻に対処する作戦では、この弱点をとらえ、できる限り中国軍の攻撃発進基地やその沿岸海域と侵攻海岸地域との間、そして着上陸地点で段階的かつ継続的に対処し、これを極力早期かつ遠方で撃破することが重要である。

なお、これらの一連の作戦は、「海」からの上陸と「空」からの着陸の二つの要素から構成されることから着上陸作戦あるいは水陸両用作戦と呼ばれる。爾後、本稿では着上陸作戦に統一して表記することとする。

## 2　台湾の地理的特性が中国の着上陸侵攻に及ぼす影響

### （1）台湾の地理の概要

台湾は、アジア大陸から約１３０〜１８０㎞離れた東南の沿海、太平洋の西岸に位置している。日本列島からフィリピンにわたる、太平洋と東シナ海・南シナ海を隔てる弧状に連なる群島（第１列島線）の中央にあることから、アジア太平洋地域の海と空の主要な通路になっている。また、中国などの専制主義・強権主義国家とグローバルに対立する民主主義国家の最前線に位置しており、地政戦略的に極めて重要な地位を占めている。

首都は台北市で、人口は約２３００万人、総面積は約３万６０００平方キロメートルで、日本の九州とほぼ同面積である。

台湾本島は、南北長約３９５㎞、東西最大幅約１４４㎞で、南北に細長く東西が狭い島である。太平洋寄りの山脈が北から南へと全島を貫く東高西低の地形で、台湾東部と西部河川の分水嶺になっている。全島面積の３分の２が高山や森林地で占められている山岳中心の地形で、その南側の玉山山脈は主峰が4000mほどあり、東北アジアの最高峰である。標高3000m以上の峰は約200箇所に上り、台湾東部は急峻ですぐ海に落ちている。

その他の地域は高地、丘陵、台地、盆地、平地、平原および海岸で構成され、平坦地の大部分は西部地区に集中している。西部地区と東部地区の縦谷内にわずかにある平野の多くは狭く、人口密集地帯となっており、着上陸侵攻の適地は13～14の比較的小規模な海岸に限られている。

また、台湾は100以上の島々で構成されている。台湾南西部に位置する澎湖諸島は、中国軍が本島侵攻前に占領し侵攻基盤・兵站基盤を設定する可能性が高い。その他に、中国大陸に近接し数次の台湾海峡危機の舞台となった金門・馬祖島があり、台湾が実効支配しているが中国が領有権を主張している南シナ海の東沙諸島や太平島（イトゥアバ島）などの戦略的重要性は高いが、それらを除けば、地図上で発見し難いほどの小さな島々である。

## （2）台湾侵攻に必要な兵力と港湾の重要性

### ア　中国の台湾侵攻に必要な兵力

ノルマンディー上陸作戦における連合軍の兵力約200万人に対しドイツ軍は約30万人、沖縄戦における連合軍の兵力約55万人に対し日本軍は陸軍を中心に約10万人で、いずれも連合軍の兵力が圧倒的に優勢であった。

中国が台湾を侵攻するためには、果たしてどれほどの兵力が必要なのであろうか。

第2次世界大戦の末期、台湾本島と同じくらいの面積で、かつ海に囲まれている九州への上陸を計画した連合軍は、九州に展開可能な日本軍の兵力を最大で20万人と想定し、その奪取に必要な兵力を約76万人、空母約30隻、揚陸艦艇約900隻と見積っている。約3・8倍の兵力が必要との見立てだ。

この作戦は、オリンピック作戦（OLYMPIC Operation）と呼ばれ、連合軍の日本本土上陸作戦（ダウンフォール作戦：DOWNFALL Operation）の一環として南九州に上陸し航空基地を確保する目的で計画され、九十九里浜（千葉）と相模湾（神奈川）から関東平野に上陸して首都東京の占領を目指すコロネット作戦（CORONET Operation）と一体的に計画されたものである。

令和4（2022）年版『防衛白書』によると、台湾の現有総兵力は約17万人（うち陸軍約10万人、海兵隊約1万人）である。このほか、有事には陸・海・空軍合わせて約166万人の予備役兵力を投入可能とみられている。

台湾国防部は、中国の軍事的圧力が増大しているのを受け、大勢の予備役を動員しているウクライナ軍を「今後の参考にする」として、2022年1月に予備役や官民の戦時動員にかかわる組織を統合した全民防衛動員署を新設し、有事の際の動員体制の効率化を図っている。

国防部は、2023年から新組織が主導して退役後8年以内の元軍人を毎年26万人招集して戦力化する計画である。したがって、最も可能性の高い中国軍による急速侵攻事態発生時における台湾の兵力は、現役と毎年招集の予備役を合わせた約43万人が初動対処兵力になるものと想定され、じ後予備役の召集が加速することに伴って兵力は飛躍的に増強されることになる。

攻撃側と防御側の兵力比は、オリンピック作戦で3・8倍、ノルマンディー上陸作戦で6・7倍、沖縄戦で5・5倍であった。これらを考慮すると、中国軍による台湾侵攻には少なくとも台湾軍の3〜5倍程度の兵力、すなわち約130〜220万人（平均175万人）規模の兵力が必要になると見積ることが出来よう。

### イ　港湾の防衛が最も重要

1944年6月、連合軍のアメリカ、カナダ、イギリス軍によって実施されたノルマンディー海岸への大規模な上陸作戦（オーバーロード作戦：Operation Overlord）は、比較的平坦な約100kmの海岸線に沿ったフランスの片田舎で行われた。ノルマンディーの海岸を見下ろす有名な断崖の高さはわずか30〜50mで障害度が低く、沿岸地域は民間人が避難していたため、自由射撃地帯になった。

1945年4月、米軍と英軍を主体とする連合軍と日本軍との間で戦われた沖縄戦（アイスバーグ作戦：Operation Iceberg）は、南北の長さ135km、東西の幅4〜29km、最高峰の与那覇岳の標高はわずか503mで、全体として南北に細長い台地状の丘陵地形をした小さな島への上陸作戦として繰り広げられた。上陸適地は比較的人口が多い島南部・西海岸の小禄、牧港、嘉手納の3か所に限られ、逃げ場を失った約49万民間人の多くを巻き込んだ悲惨な激戦地となった。

ノルマンディーや沖縄とは対照的に、台湾は、前述の通り、地形が非常に険しく、その中に台湾とほぼ同じ面積の日本の九州（人口1271万人：2021年10月1日現在）より1000万人以上多い2300万人が居住する高度に都市化された国である。

また、ノルマンディーや沖縄とは異なり、台湾には13〜14の小規模の侵攻可能な海岸（上陸適地）しかなく、その海岸は崖などの険しい地形で後背地には人口が密集した都市が控えている。

例えば、侵攻可能な海岸（上陸適地）の一つに挙げられている台北近郊の新北市の林口海岸には、その正面に観音山（616m）がそびえている。その西側には林口高原（約250m）があり、北東には陽明山（1120m）がある。それらに囲まれた地域では、鉄筋コンクリート製の構造物が平地や谷を覆い、台湾は常に台風や地震に見舞われるため、各建物と橋は激しい衝撃に耐えるように設計されているという具合である。

これらは、着上陸侵攻に必要な海岸堡・空挺堡の設定を困難にする一方、上陸適地が限られていることによって、台湾軍による沿岸防御の準備と実施が有利となり、中国軍に対する侵略抑止の効果を高める一助となる。

以上に加え、中国軍は着上陸侵攻の構想を打ち砕きかねない大きな課題に直面する。それは、前掲の『山・動く』が指摘するように、着上陸作戦が、百万単位の兵員や兵器・弾薬、装備品や補給品など、「山」ほどの人員・物資を戦場へ動かせるだけの兵站線に依存しており、その確保なしには作戦の成功は望めないからである。

そして、2021年12月に台湾の立法院（日本の国会に相当）に提出された国防部の見積りでは、中国軍の大規模な着上陸作戦能力は未だ完備していないとし、その理由は輸送アセットや後方支援体制が不十分で兵站（後方支援）に最大のネックがあると指摘している。

ウクライナ戦争におけるロシア軍の失敗の一因が兵站の不備にあることは、多くの専門家の一致した意見だ。その教訓をつぶさに研究している中国軍は、将来の台湾侵攻の成功は、着上陸作戦部隊が台湾の大規模な港湾施設を奪取、保持、および利用できるかどうかの「兵站システムの戦い」に係っていることを十分に理解している筈である。そのことは、後述する『港口登陸作戦研究』や『信息化陸軍作戦』（いずれも中国国防大学出版社）などの中国軍の部内教範にも強調されている。

中国軍は、台湾の侵攻海岸とその沿岸地域の飛行場は、侵攻に必要な中国軍部隊や戦車および物資などを揚陸し海岸堡や空挺堡を設定するのに必要な条件を満たしていないと見ているという。これらの場所は、大型物資を降ろすための十分な地積や専用のインフラがなく、また、周囲の地形地物の利用によって中国の上陸部隊が包囲され、射撃を浴びせられ、台湾の反撃に襲われる可能性があるという問題があるからだ。

そのため、中国軍の部内調査・研究によると、海岸や空港は補助手段あるいは支援手段と見なされる可能性さえあり、台湾侵攻の中核拠点は、台湾の港に置かれる公算が大きいのである。台湾の大規模な港だけが、数十万人の中国軍の後続部隊とその重装甲車の急速な到着を可能とし、島の内陸の都市や山間部への攻撃を担当する大規模な第2波・第3波の軍事力の進出・発揮を支えることができると考えられている。

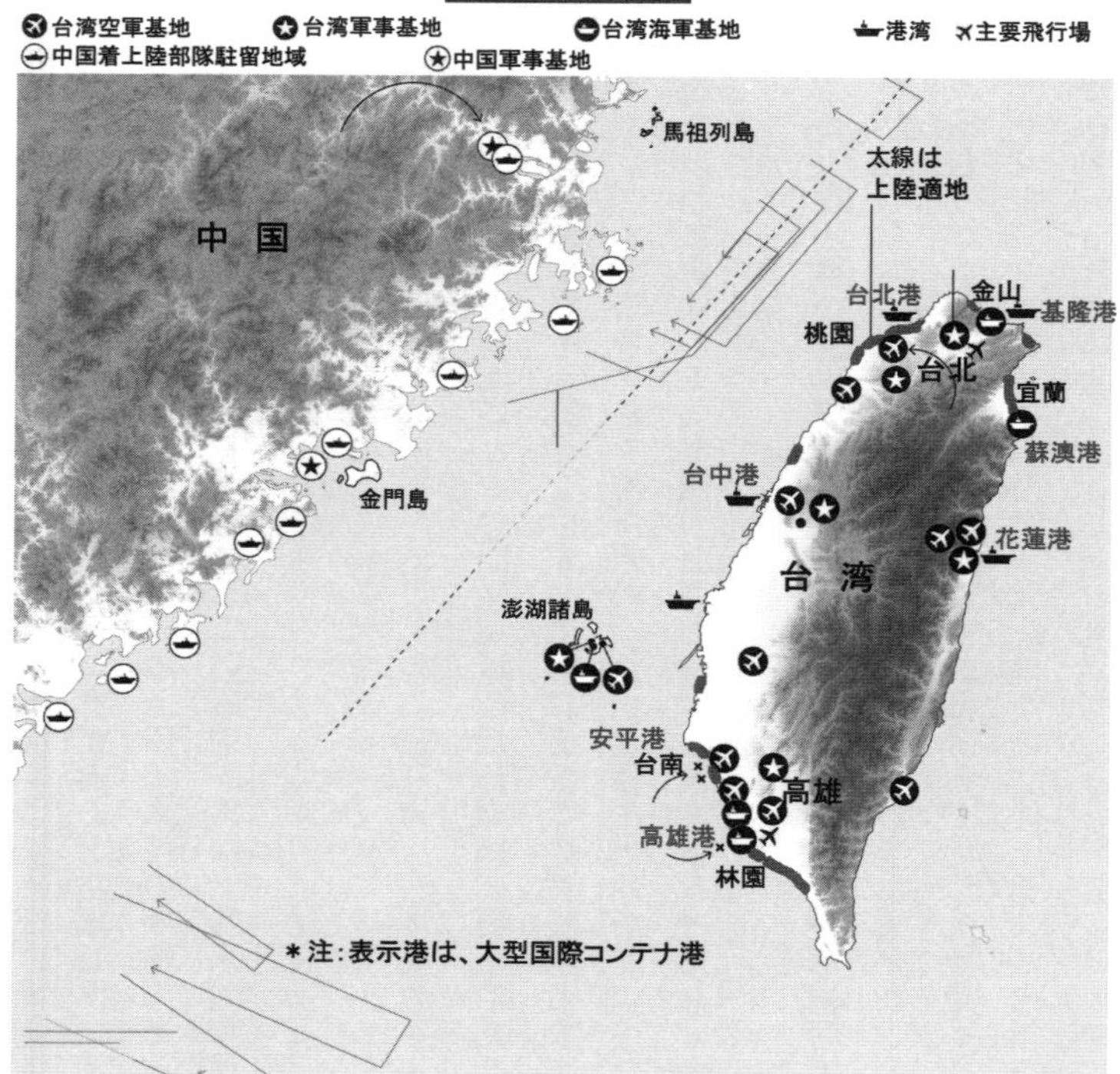


〈出典〉 The Chinese Invasion Threat, NASA, OpenStreetMap contributors, Natural Earth, Google Earth を筆者補正
https://www.bloomberg.co.jp/news/articles/2022-08-10/RGBXK8T0AFB501(as of October 8,2022)

つまり、中国軍の台湾への軍事侵攻は、まず台湾の主要な港湾数か所を奪取し、そこに侵攻基盤を設定して大規模な部隊や兵器・弾薬、装備品等を揚陸し戦力を整え、逐次攻撃前進して戦線を内陸部へ拡大し台湾を占領する戦い方を選択する可能性が高いと見ることが出来る。

まさに中国の台湾侵攻の成否は、台湾の主要な港湾を奪取できるかどうかに係っているのであり、本作戦では、兵站（後方支援）がその全般構想を規制すると言っても過言ではない。

他方、中国軍の上陸適地は、前図の通り、海岸線１１３９㎞のうち、わずか10％程度で、大小合わせて13～14か所しかない上、その海岸の長さ・面積も狭く大部隊の上陸正面は極めて限られている。

また、中国は、中国遠洋海運集団（ＣＯＳＣＯ）や中海集運（ＣＳＣＬ）などの民間貨客船を徴用して作戦に使えるよう改修を進めているが、民間貨客船が部隊を上陸させるためには港に着岸する必要があり、その港も大型国際コンテナ港など7～10か所程度に限られている。

以上を踏まえると、大部隊の上陸適地は、首都台北を中心に、飛行場や港湾施設を近傍に控えた北（金山）と東（宜蘭）、西（新北～桃園）の海岸および台湾最大の軍港がある高雄を中心に、北（台南）と南（林園）の海岸に限られるであろう。

これに対し、台湾軍が中国軍による台湾の民間および軍用港湾インフラの奪取、保持、および使用を防ぐことができれば、中国軍の着上陸侵攻を阻止し、台湾防衛を全うすることが出来ると考えられ、台湾防衛計画のうち、港湾守備計画が本島防衛の中核的要素として取り上げられていることは想像に難くない。

## 3　台湾の防衛体制

### （1）中国の軍事的脅威に対する台湾の分析評価

台湾は、２０２１年3月に２００９年以降4回目となる「4年ごとの国防総検討（ＱＤＲ）」を公表した。同文書は、今後4年間の国防戦略及び戦力整備の方針を提示し、国防の強化に資することを目的とする報告書である。

また、２０２１年11月には、蔡英文政権下では3回目となる、過去2年間の国防政策の取り組みを国民に示す国防報告書（ＮＤＲ）が公表された。

ＱＤＲでは、中国の軍事脅威を、台湾海峡周辺海域の封鎖や外国軍に対する接近阻止・領域拒否（Ａ2／ＡＤ）の能力を保持しつつ、台湾侵攻を想定した着上陸訓練やグレーゾーン戦略の実施などによって作戦能力を強化していると分析している。

ＮＤＲでは、中国のグレーゾーン脅威の項目が新たに設けられ、ＱＤＲに引き続き、中国のグレーゾーン戦略に対する台湾の強い警戒心が示されている。

**ア　中国のグレーゾーン脅威**

ＮＤＲは、中国のグレーゾーン戦略を「戦わずして台湾を奪取する」手段であると認識し、具体的には、情報収集やインフラ・システムへの攻撃などを狙ったサイバー攻撃、ＳＮＳなどを通じた「三戦」の展開や偽情報の散布などによって一般市民の心理を操作・かく乱し、台湾社会の混乱を生み出そうとする「認知戦」などの例を挙げている。

こうした中国の脅威に対し台湾は、ビッグデーター解析などの新技術を活用し海軍と海巡署（沿岸警備隊）との連携などによってこれに対処するとしている。また、非対称戦、すなわち巨大な捕食者を前に大量の小さなトゲで身を守るヤマアラシのように、「巨大な侵攻軍に対し全土にくまなく配備した分散型の小型兵器によって中国軍に深刻な痛み（打撃）を与え、占領を許さない」（李喜明・元台湾軍参謀総長）という「ヤマアラシ戦略」のための戦力の拡充、統合訓練の強化、サイバー作戦能力の向上、中国の認知戦に対するリテラシー教育の強化、「全民防衛動員署」の設立による動員体制の強化などに取り組んでいる。

**イ　中国の軍事脅威**

他方、中国の軍事脅威についてＱＤＲでは、中国は台湾に対する武力行使を放棄しない意思を示し続けており、航空・海上封鎖、限定的な武力行使、航空・ミサイル作戦、台湾への侵攻といった軍事行動を発動する可能性があり、その際米国の潜在的な介入の抑止又は遅延を企図すると指摘している。

中国の台湾侵攻プロセスに関する台湾側の分析によれば、中国の軍事侵攻に関する見積りは以下の通りである。

初期（第1）段階において、演習の名目で軍を中国沿岸に集結させるとともに、「認知戦」を行使して台湾民衆のパニックを引き起こした後、海軍艦艇を西太平洋に集結させて外国軍の介入を阻止する。

第2段階では、「演習から戦争への転換」という戦略のもとで、ロケット軍及び空軍による弾道ミサイル及び巡航ミサイルが発射され、台湾の重要軍事施設を攻撃すると同時に、戦略支援部隊が台湾軍の重要システムなどへのサイバー攻撃を実行する。

第3段階では、海上・航空優勢を獲得した後、強襲揚陸艦や輸送ヘリなどによる着上陸作戦を実施し、外国軍が介入する前に台湾制圧を達成する、と見積っている。

これは、あくまで台湾軍による見積りの一例であって、事態がこの通りに展開するかどうかは不明であるが、そのうえで、台湾は、下記の防衛戦略をもって中国に対処するとしている。

## （2）台湾の防衛戦略

前掲の中国の軍事脅威に対し、台湾の蔡政権は、「防衛固守・重層抑止」と呼ばれる戦闘機、艦艇などの主要装備品と非対称戦力を組み合わせた多層的な防衛態勢により、中国の侵攻を可能な限

台湾の戦略構想

〈出典〉台湾2019年『国防報告書』(NDR2019)

り遠方で阻止する防衛戦略を打ち出している。その防衛戦略は、上図の通り、次の三つの要素・段階からなる防衛構想を提起している。

第1は、作戦の全過程を通じた「戦力防護」であり、機動、隠蔽、分散、欺瞞、偽装などにより、敵の先制攻撃による危害を低減させ、軍の戦力を確保する。

第2は、「沿海決勝」であり、航空戦力や沿岸に配置した火力により局地的優勢を確保し、統合戦力を発揮して敵の着上陸船団を阻止・殲滅する。

第3は、「海岸殲滅」であり、敵の着上陸、敵艦艇の海岸部での行動に際し、陸・海・空の兵力、火力及び障害で敵を錨地、海岸などで撃滅し、上陸を阻止する。

本構想は、まず、中台間に圧倒的な兵力差がある中で、中国軍の作戦能力を消耗させ、着上陸を阻止・減殺する狙いがあり、同時に、中国軍の侵攻を遅らせ、米軍介入までの時間稼ぎを想定しているとみられる。

さらに、2021年のQDR及びNDRでは、敵が台湾に侵攻するために攻撃を開始した場合、我々（台湾）の指針は「対岸で敵に抵抗し、海上で攻撃し、水際地域で敵を撃破し、海岸で殲滅させる」ことであるとし、「対岸拒否、海上攻撃、水際撃破、海岸殲滅」との作戦基準を提示している。これによって、敵を重層的に阻止するとともに統合火力攻撃を行って、敵の作戦能力を逐次低下させ、敵の攻撃を妨害し、敵の上陸侵攻を阻み、最終的に台湾侵攻を失敗させる、と説明している。

従来の防衛構想との際立った違いは、「対岸拒否」の考え方が新たに加味・強調され、これまでより一歩踏み込んだ、いわゆる敵基地攻撃に言及している点である。本問題は、日本の国家安全保障戦略などの戦略3文書でも新たに取り上げられたものであり、その観点から今後の台湾の動向には特に注目すべきであろう。

台湾は、「防衛固守・重層抑止」を完遂するために、国産の非対称戦力や長射程兵器の開発生産を拡充するとともに、米国から高性能・長射程の武器を導入することで、中国軍の侵攻をより遠方で制約することを企図しているとみられる。

そして、台湾は現在、海・空戦力や長射程ミサイルなどの国産開発を強化しており、2021年11月には、海空戦力などの拡充のための特別予算案が可決され、5年間で2400億台湾ドル（約

9500億円）を自主開発装備の取得に充てることを決定した。

台湾が強化を目指す国産装備としては、「空母キラー」と称される「沱江（だこう）」級ステルスコルベット、中国大陸沿岸のレーダーサイトを攻撃できる対レーダー無人攻撃機「剣翔（けんしょう）」、射程1000km以上の長射程地対地ミサイル「雄風（ゆうふう）2ER」などがある。これに加え、米国から、高機動ロケット砲システム「M142」（ハイマース、射程300km）、地対艦ミサイルシステム「RGM-84L-4」（ハープーン、射程約125km）、長距離空対地ミサイル「AGM-84H」（SLAM-ER、射程280km）などを取得することを決定している。

## （3）台湾の防衛態勢

### ア　統合作戦強化のための台湾陸軍の指揮構造の改編

台湾は、中国軍の着上陸侵攻様相を想定した上で、2022年1月1日付で陸・海・空軍の統合作戦力を強化し、紛争発生時に地域司令官（作戦区司令官）にさらに運用上の柔軟性を与えることを目的に、陸軍の軍団及び防衛指揮部を廃止して陸軍の指揮構造を改編した。

従来の澎湖、花東（台湾東部の花蓮〜台東に至る地域）、第6、第8、第10軍団及びそれぞれの防衛指揮部が廃止され、次頁の図の通り、台湾の西の澎湖諸島と台湾東部、北部、南部、中央部の地域をそれぞれ担任する第1から第5の作戦区に改編した。

各作戦区司令官には、作戦区内に所在する各軍種部隊間の調整を行う責任が付与され、その下に、

台湾軍の配置の概要

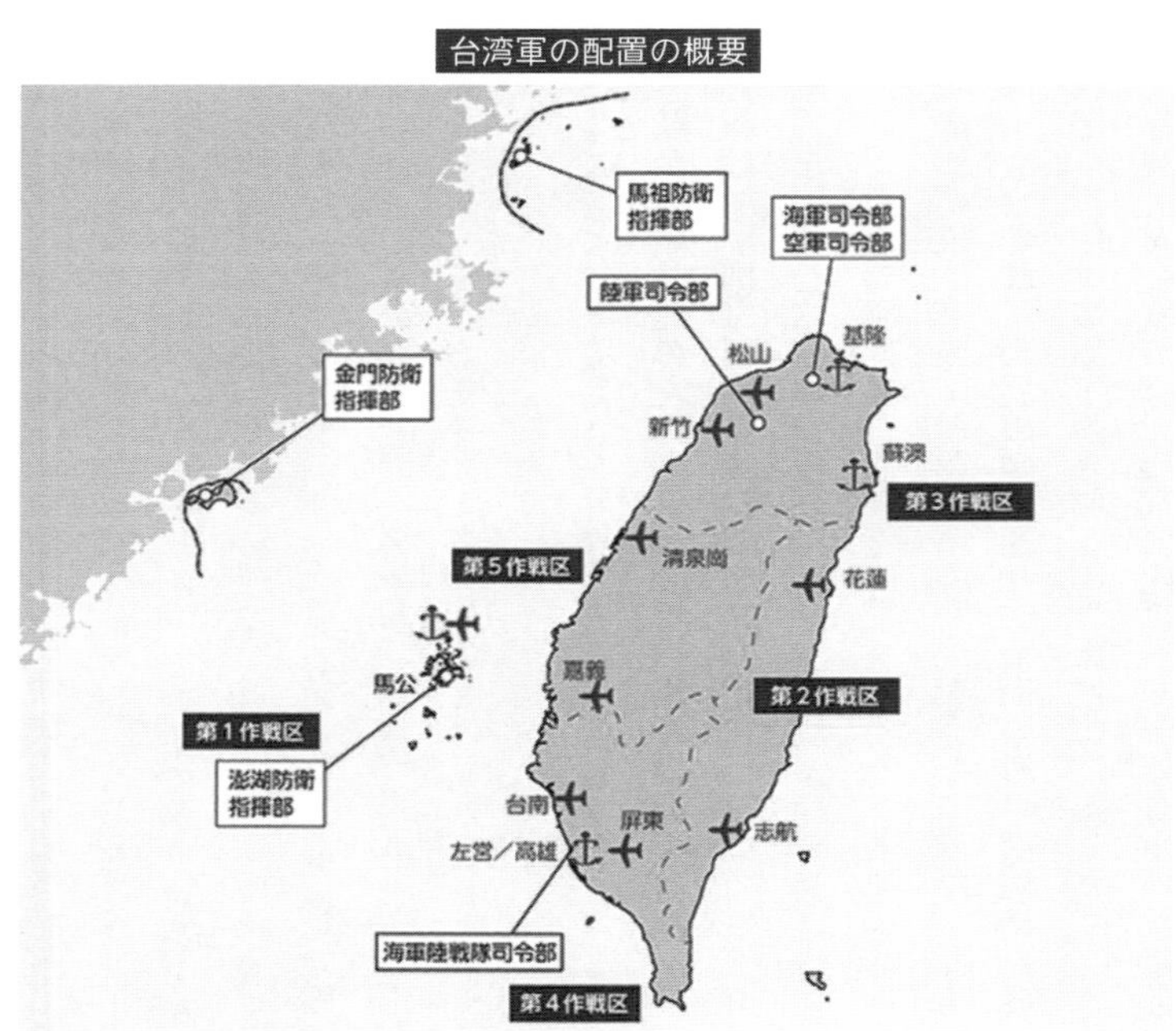


〈出典〉令和4年版『防衛白書』（防衛省）

相互運用性を強化し、戦時と災害救援などの平時を結合した統合作戦の遂行を有利にするために統合司令部が置かれている。

この新しい分権型指揮構造は、通信が妨害または無効にされ指揮統制が損なわれた場合に、作戦区司令官の行動の自由度を高めることにより、交戦中の台湾軍の生存性を向上させる可能性が期待されている。また、この改編は、台湾の非対称戦力の開発に焦点を当てており、規模が優越し、ますます技術が進歩した中国軍に対して台湾軍の「戦力防護」能力を向上させようとする防衛構想とも結び付いたものである。

なお、現状における各作戦区司令官は陸軍主体であるが、将来は海軍や空軍から同司令官を任命することも検討されているようである。

### イ　台湾の軍事力と動員体制

#### （ア）台湾の軍事力

台湾軍の軍事力は、153頁の「中国と台湾の軍事力比較」にある通りである。

現在、地上戦力は、陸軍約10万人、海軍陸戦隊約1万人、合わせて約11万人である。陸軍は、国内戦を想定し、既存の兵器に加え、米国からM1A2エイブラムス戦車や155ミリ自走榴弾砲「M109A6」、最新型攻撃ヘリAH64E「アパッチ・ガーディアン（Apache Guardian）」、対戦車ミサイル「ジャベリン（Javelin）」や「TOW」、携帯型地対空ミサイル「スティンガー（Stinger）」などを導入している。また、海軍陸戦隊は、台湾海峡危機の潜在的発火点として注視されている東沙諸島などの島嶼防衛のために過酷な訓練を積み重ねている。

海上戦力については、米国から導入されたキッド級駆逐艦のほか、自主建造したステルスコルベット「沱江」などを保有している。また前述の通り、台湾は現在、「国艦国造」と称する艦艇自主建造計画を推進しており、「沱江」級コルベットを2026年までに11隻、国産の潜水艦を2023年頃までに8隻程度それぞれ建造する計画などが進められている。

航空戦力については、F-16（A／B及びA／B改修V型）戦闘機、ミラージュ2000戦闘機、経国戦闘機などを保有している。２０２１年11月、台湾初のＦ－16Ａ／Ｂ改修Ｖ型で編成される部隊が台湾南西部の嘉義基地に発足し、２０２２年に米国から導入予定である能力向上型の新造Ｆ－16Ｖ戦闘機（ＡＥＳＡレーダー「ＡＰＧ－83」搭載）を含め、より長射程のミサイルを搭載できる戦闘機の配備が進められている。

**（イ）台湾の動員体制**

台湾は、１９５１年から徴兵制を採用してきた。１９９０年代初めまでは、18歳になると兵役の義務が発生し徴兵検査を受け、条件を満たす適齢男性は最長3年間の兵役を義務付けられていたが、それ以降は1年10か月に期間が短縮された後、さらに現在の4か月にまで縮減されてきた。

２０１５年以降、兵士の専門性を高めることなどを目的として志願制への移行が進められ、徴兵による入隊は２０１８年末までに終了した。ただし、4か月間の軍事訓練を受ける義務は引き続き維持され、それを終了した者は予備役に編入されることから、台湾国防部は台湾軍の兵役制度を「志願制・徴兵制の併用」と説明している。

しかし、前述の通り、中国の軍事的圧力の高まりに対処するため、「4か月では戦力にならない」として２０２４年1月から1年に延長する計画である。

また、予備役は、これまで退役から8年の間、2年に一度の教育召集が義務付けられ、それぞれ5～7日間の訓練を受けていた。しかし、２０２２年1月から新制度へ移行し、その訓練も、毎年

**中国と台湾の軍事力比較**

| | | 中国 | 台湾 |
|---|---|---|---|
| 総　兵　力 | | 約204万人 | 約17万人 |
| 陸上戦力 | 陸上兵力 | 約97万人 | 約10万人 |
| | 戦　車　等 | 99/A 型、96/A 型、88A/B 型など<br>約6,200両 | M-60A、M-48A/H など<br>約750両 |
| 海上戦力 | 艦　　艇 | 約750隻　約224万トン | 約250隻　約20.5万トン |
| | 空母・駆逐艦・フリゲート | 約90隻 | 約30隻 |
| | 潜　水　艦 | 約70隻 | 4 隻 |
| | 海　兵　隊 | 約 4 万人 | 約 1 万人 |
| 航空戦力 | 作　戦　機 | 約3,030機 | 約520機 |
| | 近代的戦闘機 | J-10×548機<br>Su-27/J-11×329機<br>Su-30×97機<br>Su-35×24機<br>J-15×50機<br>J-16×172機<br>J-20×50機<br>（第 4 ・ 5 世代戦闘機　合計1,270機） | ミラージュ2000×55機<br>F-16（A/B）×77機<br>F-16（改修Ⅴ型）×64機<br>経国×127機<br>（第 4 世代戦闘機　合計323機） |
| 参考 | 人　　口 | 約14億600万人 | 約2,300万人 |
| | 兵　　役 | 2 年 | 徴兵による入隊は2018年末までに終了<br>（ただし、1994年以降に生まれた人は 4 か月の軍事訓練を受ける義務） |

（注）資料は、「ミリタリー・バランス（2022）」などによる。
〈出典〉〈出典〉令和 4 年版『防衛白書』（防衛省）

召集されて期間も14日間に延長し、より実戦的な内容にすることになっている。

台湾は、有事には陸・海・空軍合わせて約166万人の予備役兵力が投入可能とみられており、2022年1月には、予備役や官民の戦時動員にかかわる組織を統合した全民防衛動員署が設立され、有事の際の動員体制の効率化が図られているのは前述の通りである。

**ウ　大規模軍事演習「漢光」の実施**

台湾は、中国軍の侵攻を想定した大規模軍事演習「漢光」を毎年実施しており、一連の演習を通じて台湾軍の防衛戦略を検証しているものと見られる。

近年の「漢光」演習では、対着上陸や迎撃などの演目のほか、対サイバー戦、海軍と海巡署の共同訓練といった中国のグレーゾーン戦略を意識した訓練が行われている。2021年の「漢光37号」演習では、金門島、馬祖列島、澎湖諸島の3離島同時に対着上陸演習を行ったほか、新編の地対艦ミサイル部隊が台湾東部に展開し、台湾東部からの中国軍の侵攻への対処を演練したと報じられている。

その際、同演習には、1個旅団規模の予備役が召集され、現役とともに訓練に参加し動員体制の確認を行った模様である。

# 第2節　着上陸作戦の歴史的趨勢

## 1　着上陸作戦の歴史

### (1) 第2次世界大戦型の着上陸作戦

ノルマンディー上陸作戦（1944年）や沖縄戦（1945年）における上陸作戦に代表されるように、第2次世界大戦型の着上陸作戦は、まず航空優勢と海上優勢を確保した上で、艦砲及び航空機による砲爆撃で防御側の水際・沿岸陣地を徹底的に制圧する。その後、沖合の輸送艦艇・船舶から多数の上陸用舟艇に乗り移った上陸部隊が数波にわたって海岸から上陸し、その要域を占領確保して攻撃前進のための集結地・拠点としての海岸堡（Beachhead）（渡河攻撃の場合は橋頭堡（Bridgehead））を設定する。続いて戦車や火砲などの重火器を装備した後続の主力部隊と大量の兵站物資を揚陸し、戦力を合一して隊形を整え内陸に進攻するというプロセスを踏むのが一般的である。

その際、パラシュートやグライダーを用いた空挺部隊が上陸地点の翼側あるいは背後に事前に降下し、敵の攪乱及び重要地点の確保を目的として攻撃を行うが、今日ではこうした任務はヘリボーン部隊で実施されることが多い。

column

## ノルマンディー上陸作戦

第2次世界大戦末期の1944年6月6日、連合軍のアメリカ、カナダ、イギリス軍によって実施された北フランス・ノルマンディー海岸への大規模な上陸作戦で、別名「オーバーロード（Operation Overlord）作戦」という。

使用された兵力は、第1波攻撃だけでも、アメリカ、イギリス、カナダの将兵17万6000人、艦艇5300隻、航空機1万4000機という大規模部隊で、物資揚陸用の人工港まで曳航しての「史上最大の作戦」といわれた。イギリス本土から上陸海岸までは約100km。上陸地点は、コタンタン半島（ノルマンディー半島）からオルヌ河口までの約100kmの海岸で、1週間で50万の兵員を上陸させた。最終的に、作戦全体で200万人の兵員がドーバー海峡を渡ってノルマンディー海岸から上陸した。

ドイツ軍は、30万の兵力と1000台の戦車で迎え撃ったが、上陸地点の予測を誤ったこともあり、艦砲射撃や空爆など圧倒的に優勢な連合軍の攻勢に屈し、約90日でパリをはじめフランスのほぼ全土を連合軍の手に明け渡す結果となった。なお、上陸地点については、連合軍の情報戦によって攪乱されたとの見方もある。

〈出典〉各種資料を基に筆者作成

### （2）フォークランド紛争における上陸作戦

フォークランド紛争は、イギリス領フォークランド諸島（アルゼンチン名：マルビナス諸島）の領有を巡り、イギリスとアルゼンチンとの間で1982年3月から6月までの3か月にわたって戦われた紛争である。

上陸作戦について見ると、まず、アルゼンチン軍がフォークランド諸島のサウス・ジョージア島に上陸作戦を行った。上陸作戦は大きく二つに分けられ、ゴムボートに分乗し民間人を装った少数の海兵コマンド部隊による深夜の隠密上陸と、その後に実行された陸軍による水陸両用車両を使った比較的大掛かりな上陸である。

これに対し、イギリス軍は海兵隊特殊舟艇隊（SBS）がサウス・ジョージア島に偵察上陸し、続いて海兵隊が同島に本格上陸してこれを奪回した。

本紛争は、アルゼンチン軍の参加者総員約900名、イギリス軍は約100人の海兵隊員に過ぎず、歴史的にみれば小規模な上陸作戦であったが、アルゼンチン軍の「民間人を装った少数の海兵コマンド部隊による深夜の隠密上陸」によって作戦が開始された点に、現代の着上陸作戦に繋がる特色がある。

## 2　今後の着上陸作戦

フォークランド紛争における上陸作戦に見られるように、今後の着上陸作戦は、コマンド部隊あるいは特殊部隊による隠密裏の奇襲上陸及び潜入（Infiltration）によって始まるのが一般的になりつつあるようだ。

その背景には、近年、陸海空をプラットホームとした対艦・対空ミサイルの発達や水中戦能力の強化などがあり、一方的な航空・海上優勢の獲得が難しくなっていることがある。そのような状況下では、第2次世界大戦のノルマンディー上陸作戦のように大規模な部隊が戦力を集中し、広い海岸正面に船団を組んで続々と敵前に強行上陸をするような作戦は困難との認識が広がっている。

また、ウクライナ戦争におけるロシア及びロシア軍の行動は、CIA、国務省情報調査局（BIR）、DIAなどの国防省傘下の情報機関、連邦捜査局（FBI）など15の情報機関から構成された米国の「情報コミュニティ」によって、侵攻開始数か月前から相当程度、見透かされていた。そして、第1章で述べた「タイガーチーム」が採用した機密情報の「格下げと共有」あるいは「開示による抑止」と呼ばれる戦略によってウクライナのみならず国際社会に向けてロシア及びロシア軍の情報が同国に先んじて発信された。

元CIA分析官のジョン・カルバー氏は、「中国の台湾侵攻は何ヵ月も前から秘密でなくなる」（ニューズウィーク日本版、2022.10.6）との指摘もあり、今後の着上陸作戦は、小規模に分散して隠密かつ立体的な奇襲作戦を行う傾向を強めていくものと見られる。

フォークランド紛争で英軍の上陸部隊を指揮したトンプソン元少将は、「中国はアルゼンチンの強引な手法を学んでいる」（2020年9月6日付産経新聞）と述べている。そして、アルゼンチンが陸軍部隊に先立って民間人を装った海兵コマンド部隊を上陸させたフォークランド紛争での着上陸作戦の侵攻要領などを教材としてよく研究していると指摘している。

前述の通り、着上陸作戦は、航空優勢と海上優勢の確保の如何によって、その侵攻要領も変化する。海上・航空優勢が確保できるのであれば、いわゆる第2次世界大戦型の着上陸作戦を選択することも可能であろう。

しかし、海上・航空優勢のいずれか、またはそのいずれも確保できない場合は、その状況に応じて経空手段や経海手段の制限を受け、第2次世界大戦型でない急襲隠密侵攻作戦の選択を迫られることになる。

このため、中国は、経空手段としてヘリコプターや地面効果翼機（ground-effect vehicle：GEV）、動力付きデルタ翼機（ウルトラライト）及びグライダーなどの特殊航空機を装備しているものと見られ、敵の陣地をヘリコプターなどで迂回して防御の弱い地点から敵後方に潜入するか、あるいは夜間の隠密潜入飛行によって奇襲的作戦を遂行するかもしれない。

また、経海手段としては、上陸用舟艇などを多数用いるものではなく、ゴムボートや高速ステルスボート、漁船、小型潜水艇などを使用した潜入や、超低空を低速で飛行するヘリコプターから海上に高速ロープやパラシュート降下して潜入する方策などが重視されることになろう。

## 第3節　中国軍による台湾への着上陸侵攻

### 1　港湾奪取からの着上陸侵攻

台湾問題を中心テーマに研究している米国のシンクタンク「プロジェクト2049研究所（PROJECT 2049 INSTITUTE)」は、中台問題研究家のイアン・イーストン氏の「敵対する港：台湾の港と中国人民解放軍の侵攻計画（Hostile Harbors：Taiwan's Ports and PLA Invasion Plans)」(2021.7.22) を発表した。

その中で、中国軍の台湾着上陸侵攻における港湾奪取の重要性を以下のように強調している。

台湾に対する中国人民解放軍（PLA）の水陸両用（着上陸）作戦の想像力を打ち砕く要因、つまり何百万もの人間と機械を動かすものの全ては、強靱な兵站線に依存しており、それなしでは他のすべてがすぐに崩壊する。ドクトリンを示しているように見える中国軍の教範は、将来の台湾侵攻の成否は、中国の水陸両用上陸部隊が島の大規模な港湾施設を占領、保持、および

利用できるかどうかに係っている可能性が高いと主張している。（括弧は筆者）

その上で、ＰＬＡの「統合港湾奪取作戦（Integrated Port Seizure Operations）」の概要について、以下のように述べている。

中国の軍事研究は、港を占領するための個々の戦術的アプローチを評価した後、それらを統合作戦概念として組み合わせる方法を検討している。そして、ＰＬＡの研究者は次のように警告している。

防御側が港を破壊するか、または我々の側がそれらを占領する作戦を実行する過程で港に重大な損害を与えるなどして、戦闘で港が損傷した場合は、それらの港を占領することは何の意味もない。…港湾インフラへの被害を最小限に抑えるために最善を尽くさなければならない。

この最優先の目的を念頭に置いて、プロジェクト２０４９研究所は、ＰＬＡの部内教科書「港口登陸作戦研究」や「信息化（情報化）陸軍作戦」を参考に、大規模で十分に防御された台湾の港に対するＰＬＡによる着上陸作戦の統合攻撃計画の一案を提示している。台湾軍の見積りとは多少異なるが、その計画は次の６段階から構成されている。

〈フェーズ1〉**麻痺攻撃の遂行**（**Execute Paralyzing Strikes**）

ＰＬＡ部隊は、水陸両用上陸の前に、地域の重要拠点を標的とする精密攻撃と統合射撃を使用して防御側を弱体化する。中国の軍事文書は次の計画を提案している。

●戦域弾道ミサイル、爆撃機、戦闘爆撃機は、早期警戒サイト（レーダーと通信情報）、強化された掩蔽壕施設、防空ミサイル発射機、沿岸防御砲、指揮所など、防御側の最前線の港湾防御に精密攻撃を実行する。その後、彼らは台湾軍の後方集結地と長距離砲施設を攻撃する。最後に、防御側の援軍の機動部隊と予備隊が目標とする港湾地域への集結を阻止する。

●艦載砲と大砲は、近くの海岸堡や港湾地域内の防御側の要塞と重火力（大砲や戦車など）を破壊して戦力を喪失させる。その後、防御側の最前線の機動反撃部隊を阻止する。

●攻撃ヘリコプター、水陸両用砲、水陸両用戦車は、沿岸防御砲や戦車など残りの海岸堡の目標を攻撃する。

〈フェーズ2〉**コマンド作戦の実施**（**Conduct Commando Operations**）

ＰＬＡの特殊部隊は、主な水陸両用攻撃への道を開くための作戦を遂行する。それらは、ヘリコプター、地面効果翼機（ground-effect vehicle：ＧＥＶ）、動力付きデルタ翼機（ウルトラライト）およびグライダーによって潜入する。彼らの任務は、上陸部隊に特別な脅威をもたらす射撃陣地、沿岸防御砲、およびミサイル発射基地を占領することである。それらは、台湾の「浅い内陸部（沿岸部）」—

で重要な防御要塞を占領するためであり、前線の水際障害を「飛び越えて」、前方防御と後方地域の援軍の間のリンクを切断する効果がある。それらはまた、周辺地域に深く潜入することで、港に対する水陸両用上陸を支援し、台湾を征服するための後続作戦を展開することを目的として待ち伏せと襲撃を行うことができる。

**〈フェーズ3〉水陸両用攻撃の実施**（Make Amphibious Assaults）

ＰＬＡの部隊は、台湾の港湾防御に関する情報をあらゆる手段で収集し、海と空による集中水陸両用上陸によって切り崩すための弱点を選択する。水際障害物や沿岸の要塞を直接射撃で破壊した後、ヘリコプター、ホバークラフト、ウルトラライトで到着する軍隊の支援を得て、大規模な水陸両用部隊が海から上陸する。上陸すると、水陸両用攻撃部隊は、海岸、周囲の港湾地域から挟撃し、防御側を抵抗のポケット（拠点陣地）の中に孤立させる。

**〈フェーズ4〉港への侵入と奪取**（Enter and Seize Ports）

ＰＬＡの水陸両用攻撃部隊は、港口を塞いでいる障害物を越えてシースキミング攻撃（海上すれすれをかすめ飛ぶ攻撃）を行い、港湾地帯の真ん中に直接着陸する。同時に、ＰＬＡ部隊は、攻撃ヘリコプターの掩護下に複数の角度から港を攻撃する。急襲チームは、重いドアや壁の爆破を専門とする戦闘工兵に支援され、地下施設と複雑な障害網に侵入する。水陸両用戦車は小さな建物を突破し、水陸両用砲や装甲戦闘車両とともに、高層ビルに掩護された防御歩兵小隊や中隊に直接射撃を行う。

攻撃ヘリコプターは、大砲と機関銃の火力とともに高層ビル上の防御側に銃撃を浴びせる。輸送ヘリコプターは、集結拠点を奪取して構築するために、後続する多くの部隊を空輸する。戦域弾道ミサイル発射装置、爆撃機、戦闘爆撃機および艦載砲は、強力な火力支援を提供する。防空ミサイル発射機と防空機関砲を設置するため、占領した港の周りに防御陣地を占領する。

**〈フェーズ5〉反撃の撃退（Defeat Counterattacks）**

ＰＬＡの統合部隊は、占領した港湾地域に対する台湾の反撃に応戦し、撃退する。必要に応じて、攻撃側が有利な地形を占領し、待ち伏せを行い、港を奪還しようとする機動部隊に対する防御障害物を設置する。

**〈フェーズ6〉港の防護と活用（Safeguard and Exploit Ports）**

ＰＬＡの戦闘工兵は、障害物を除去し、港を迅速に開放するために作業し、主力戦車やその他の重装備を携行する大規模な第2波の援軍が占領した集結拠点に継続的に到着できるようにする。ＰＬＡは、港湾のドックとクレーンを利用して装備品等を卸下し、できるだけ早く海岸地域での戦力バランスを有利なものにする。残る防御側はこれで掃討されることになる。主要な戦闘が最終的な勝利に向かって内陸に移動するに伴い、占領した港は、潜在的な反撃や妨害工作員から防護することを目的に多くの守備隊を配置する。

以上が、プロジェクト2049研究所が提示したPLAの着上陸作戦の統合攻撃計画の概要である。

前述の通り、中国軍の台湾に対する着上陸作戦は、四つの要件で構成される。中国軍が着上陸作戦を成功させるためには、その4要件の高いハードルをクリアーしなければならない。そこにメスを入れ、公開情報やデーターなどを基に分析し、中国軍が前掲計画を遂行する実力を本当に持っているのか否か、その実体・実力の解明を試みることとする。

## 2 海上優勢と航空優勢の獲得

### (1) 中国軍は、台湾海峡で航空優勢を確保できるのか?

航空自衛隊のHPによると、航空優勢とは「(特定の空域で) 敵から大きな妨害を受けることなく我の諸作戦を遂行できる状態」(括弧は筆者) のことで、航空優勢の確実な維持は、航空作戦のみならず陸海作戦の円滑な実施にも重要で、陸海空すべての作戦に不可欠であると説明されている。

〈出典〉航空自衛隊のHP
https://www.mod.go.jp/asdf/about/role/role04/page03/index.html
(as of October 19, 2022)

では、中国軍が台湾を軍事侵攻する場合、作戦空域、特に作戦の焦点となる台湾海峡において航空優勢を確保できるのであろうか。

彼我の航空優勢確保に影響する要因は、作戦空域に飛来できる戦闘機の行動半径内にある航空基地の数（その滑走路の数、基地の抗堪性（滑走路破壊時の修復能力、航空機用掩体の有無）、修理補給能力など）、その航空基地に所在する戦闘機の数とウエポンシステム、無人攻撃機（UCAV）、防空・対空能力（防空・対空ミサイルなどの数と配置）、警戒管制能力（警戒管制レーダ―、AWACS）、空中給油能力などである。

中でも、航空基地の数とその航空基地に所在する戦闘機の数の積から求められる作戦空域における戦闘機の在空時間の比較による優劣が、航空優勢の確保に基本的な影響を及ぼすものと考えられる。

そこで、台湾海峡を焦点に、航空優勢の概要を把握するため、前掲の基本的な影響を及ぼす要因について、台湾側（台湾軍、自衛隊、米軍）と中国側の現配置における比較を行って

**中国軍の主要航空基地**

〈出典〉DOD Annual Report to Congress, "Military and Security Developments Involving the People's Republic of China 2021"

みることとする。

航空基地の数に関しては、軍民共用可能な飛行場についても考慮しなければならず、台湾側に比べて中国側が圧倒的に多いが、この際、軍事基地のみに限定して検討する。

なお、次頁のア、イ図表内の数字はいずれも、あくまで概数である。

以上のデータを基に、台湾海峡に対する戦闘機の航続距離は双方十分であることを前提として概算すると、台湾側と中国

## ア　台湾側（台湾軍、自衛隊、米軍）

| 国 | 軍種 | 航空団 | 空母（艦載機） | 基地数 | 機数 | 備　考 |
|---|---|---|---|---|---|---|
| 台湾軍 | 空軍 | 戦術統制航空団 | | 8 | 323 | ミラージュ2000×55機<br>F-16（A/B）×77機<br>F-16（改修V型）×64機<br>経国×127機 |
| | 海軍 | 0 | 0 | 0 | 0 | |
| | 合計 | 1個航空団 | 0 | 8 | 323 | |
| 自衛隊 | 航空 | 3個航空団 | | 4 | 約120 | ・1航空団＝2個飛行隊<br>・1個飛行隊＝約20機 |
| | 海上 | 0 | 0 | 0 | 0 | |
| | 合計 | 3個航空団 | 0 | 4 | 約120 | 春日基地 |
| 米軍 | 空軍 | 1個航空団 | | 3 | 約50 | ・在日：嘉手納（三沢を除く）、F15→F22 |
| | | 2個戦闘航空団 | | 2 | 約80 | 在韓：烏山・群山空軍基地、各1個戦闘航空団 |
| | | 1個航空団 | | 1 | 約40 | 在グアム |
| | 海軍 | 0 | 1 | 1 | 約50 | ・空母「ロナルド・レーガン」<br>・厚木 |
| | 海兵隊 | 1個航空群 | | 2 | 28 | 岩国以西 |
| | 合計 | 4.5個航空団 | 1 | 9 | 248 | |
| 総　計 | | 8.5個航空団 | 1 | 21 | 691 | |
| 備　考 | | ・自衛隊は西部・南西航空方面隊を計算の対象とする。<br>・米軍は在日、在韓、在グアム米軍を対象とし、在日米軍は西日本以西の航空基地・戦闘機を対象とする。ただし、空母艦載機は厚木基地の空母航空団を含めるものとする。<br>〈出典〉主として令和3・4年版『防衛白書』（防衛省）による。 | | | | |

### イ　中国軍（北部・東部・南部軍区）

| 軍区 | 軍種 | 戦闘機・地上攻撃旅団 | 空　母（艦載機） | 基地数 | 機数 | 備　　考 |
|---|---|---|---|---|---|---|
| 北部 | 空軍 | 13 | | 13 | 312 | |
| | 海軍 | 1 | 1 | 2 | 48 | 空母「遼寧」 |
| | 合計 | 14 | 1 | 15 | 360 | |
| 東部 | 空軍 | 12 | | 12 | 288 | |
| | 海軍 | 2 | | 2 | 48 | |
| | 合計 | 14 | | 14 | 336 | |
| 南部 | 空軍 | 11 | | 11 | 264 | |
| | 海軍 | 2 | 2 | | 48 | |
| | 合計 | 12 | 2 | 14 | 312 | |
| 総　計 | | 41 | 3 | 44 | 1008 | |
| 備　　考 | ・軍区は、台湾有事に投入されると見られる東部軍区を中心に北部・東部軍区を検討の対象とする。<br>・航空優勢にかかわる航空機は戦闘機・地上攻撃機とし、空軍・海軍の１個戦闘機・地上攻撃旅団は２個飛行大隊で編成され、装備機数は24機とする。<br>・空母艦載機の機数は空母「遼寧」の艦上戦闘機24機とする。<br>〈出 典〉Office of the Secretary of Defense, ANNUAL REPORT TO CONGRESS, “Military and Security Developments Involving the People’s Republic of China”, Fiscal Year 2021による。 | | | | | |

側の戦闘機数は0・69：1、基地数は0・48：1となり、それを掛け合わせた積は0・33：1である。特に、台湾側には、作戦基地数が少ないことが大きな弱点となっており、基地数と航空機数の二つの基本的要因で比較すると、台湾海峡を焦点とした在空時間は中国側が台湾側の概ね3倍となる。軍民共用可能な飛行場まで考慮すれば、その差はさらに拡大する。

　したがって、中国側は、絶対的な航空優勢（制空権）を確保できるとは言い難いが、相対的かつ部分的に航空優勢を確保できる可能性は高いと見ることが出来る。

## （2）中国軍は、東シナ海、台湾海峡及び南シナ海で海上優勢を確保できるのか？

海上優勢は、前掲の「航空優勢」の定義を援用すると、「特定の海域で敵から大きな妨害を受けることなく我の諸作戦を遂行できる状態」と定義することが出来よう。

なお、近年、水中戦（対潜水艦・機雷戦など）の重要性に鑑み、海上優勢と水中優勢を分けて論ずる場合があるが、本稿では海上優勢の中に水中優勢を含めて論ずることとする。

彼我の海上優勢確保に影響する要因は、空母艦載機を含む航空優勢の帰趨、水上艦艇の数とウエポンシステム、地上及び航空機からの対艦ミサイル能力、潜水艦や機雷などの水中戦能力、水上・水中の無人ウエポンシステムなどが挙げられる。

ウクライナ戦争では、海上優勢の確保を左右する重大な事態が生起した。それは、ロシアの黒海艦隊旗艦「モスクワ」がウクライナのネプチューン地対艦ミサイル2発によって撃沈され、また、クリミア半島のセバストポリにある黒海艦隊基地がウクライナの水上ドローン（無人水上艇、USV）7機と空中ドローン（無人航空機、UAV）9機の攻撃を受けたことである。ロシア軍が完全な海上優勢を保っていると見られていた水域でのこのウクライナ軍の目新しい作戦は、海戦の近未来像を予見させるものであり、「新しい時代」の幕開けを告げるものと言えそうだ。

中国側も台湾側も、地上・艦艇・航空機をプラットホームとする対艦ミサイルを多数装備し、それが有効射程を伸ばし精度を上げ、目標センサー類の感度が向上して水上艦艇が行動できる場所がなくなりつつある。空母から反撃できないほどの長距離から空母を狙う対艦ミサイルを相手が発射

沈没直前のロシア黒海艦隊旗艦「モスクワ」

〈出典〉BBC NEWS JAPAN「巡洋艦「モスクワ」、沈没直前とされる画像が浮上　黒煙上げ傾く」(2022年 4 月19日) https://www.bbc.com/japanese/61145738 (as of October 29, 2022)

でき、そのため、空母は大きな目標にすぎず、同じく水上艦艇にも多くの残存性を期待できない。このように、地上・航空機からの長距離対艦ミサイルが水上艦艇に大きな損害を与えることから、もはや海は広い舞台ではなく、また、海戦とはいいがたく、その態様が大きく変わるのがこれからの海上作戦の基本的趨勢である。

言い換えると、彼我による「接近阻止・領域拒否（A2／AD）」地帯が太平洋に広がり、アクセス不可能な海域が増え、双方にとってこの地帯では深刻な損害を覚悟しなければならなくなり、有事には海洋の大部分が事実上通行不可能な危険地帯になる恐れがあると言うことだ。

台湾有事には、中国と日米台など双方の対艦ミサイルの激しい応酬によって、東シナ海から台湾海峡そして南シナ海の大部分は「熾烈な戦闘が連続する海域」となり、この海域では、彼我とともに部隊行動の自由を確保できない状況が生まれる可能性がある。そのため、同海域は、水上艦艇による「部隊行動の空白地帯」あるいは「部隊行動の不能地帯」と化することを想定しておかなければならない。

エドワード・ルトワック戦略国際問題研究所上級顧問は、「アメリカの攻撃型原子力潜水艦がたった3隻あれば、台湾海峡のすべての中国艦船を撃沈できる」（PRESIDENT Online, 2021.08.21）と喝破している。

つまり、このような海戦条件下で真価を発揮できるのは、潜水艦や機雷、無人潜水艇（UUV）などの水中戦能力であり、水上では高速小型（ミサイル）艇や無人艦艇（USV）である。特に、今後の海上優勢の行方を左右する最大の要因は、潜水艦に代表される水中戦能力の優劣に懸っていると言っても過言ではないのである。

そこで、台湾側と中国側の潜水艦の現保有状況（概数）を比較してみることとする。

前述の通り、台湾は、蔡英文総統のもと「防衛固守・重層抑止」と呼ばれる多層的な防衛態勢により、中国の侵攻を可能な限り遠方で阻止する防衛戦略を打ち出している。そして、最新の構想では「対岸拒否」、「戦力防護」、「沿海決勝」、「海岸殲滅」からなる4層構造の抑止体制を整備している。

これは、中台間に圧倒的な兵力差がある中で、中国軍の作戦能力を消耗させ、着上陸を阻止・減殺する狙いがあるとともに、中国軍の侵攻を遅らせ、米軍介入までの時間稼ぎを想定しているとみ

**台湾軍等と中国軍の潜水艦戦力の比較**

| 国 | 弾道ミサイル搭載原子力潜水艦（SSBN） | 攻撃型原子力潜水艦 | 通常型潜水艦 | 合　計 | 備　考 |
|---|---|---|---|---|---|
| 台湾海軍 | 0 | 0 | 4 | 4 | |
| 海上自衛隊 | 0 | 0 | 22 | 22 | |
| 米太平洋艦隊 | 合わせて47 | | 0 | 47 | すべて原子力潜水艦 |
| 合計 | 合わせて47 | | 26 | 73 | |
| 中国海軍　北海艦隊 | 0 | 2 | 14 | 16 | |
| 中国海軍　東海艦隊 | 0 | 0 | 18 | 18 | |
| 中国海軍　南海艦隊 | 4 | 7 | 23 | 32 | |
| 合　計 | 4 | 7 | 55 | 66 | うち近代化潜水艦は57 |
| 備　考 | ・米海軍のうち米太平洋艦隊（潜水艦隊）を検討の対象とし、同軍が世界の全海洋面積の約66％をカバーし、Air-Sea Battle 構想に基づきインド太平洋を重視していることを踏まえ、米海軍保有潜水艦約70隻のうち2/3が展開しているものとする。<br>・中国の潜水艦保有数は、2025年に71隻、2030年に76隻へ増加すると予測されている。（下記出典）<br>・潜水艦の運用は、一般的に1/3が修理、1/3が訓練そして1/3が実運用に従事すると見られている。<br>〈出典〉台湾側は、令和４年版『防衛白書』などによる。中国は、2020年米海軍情報局（Office of Naval Intelligence：ONI）報告書「潜水艦保有数」による。 | | | | |

られる。その中で、前述の通り、台湾は現在、「国艦国造」と称する艦艇自主建造計画を推進しており、国産の潜水艦を２０２３年頃までに8隻程度建造する計画である。

海上自衛隊は、周辺海域の防衛や海上交通の安全確保、米国などとの共同作戦等を機動的に実施し得るよう、護衛艦を増強するとともに、対潜戦・対機雷戦などの水中戦能力を向上させるため、潜水艦「22隻体制」を整備し対潜航空機、掃海艦艇の増強・近代化にも注力している。

米太平洋艦隊は、西太平洋及びインド洋に第7艦隊、東太平洋に第3艦隊をそれぞれ配備し、艦艇約200隻をもって、中国のA2/AD戦略への対抗を最大の狙いとして展開している。このうち第7艦隊は、1個空母打撃群を中心に構成されており、日本やグアムを主要拠点として、領土、国民、シーレーン、同盟国その他、米国の重要な国益を防衛することなどを任務とし、インド太平洋を重視して空母、原子力潜水艦、水陸両用戦艦艇やイージス巡洋艦などを配備している。

ちなみに、米海軍は、2023年秋までに100隻の無人艦艇部隊を新編し、バーレーンに本拠地を置く第5艦隊隷下で海洋状況把握（MDA）の一環としてのISR情報収集などを目的に運用を開始する予定である（Defense News, 2023.1.4）。

一方、中国海軍は、米海軍を上回る約350隻の艦艇を保有し、世界最大とも指摘される海上戦力の近代化が急速に進められており、海軍は、静粛性に優れるとされる国産のユアン級潜水艦及び艦隊防空能力や対艦攻撃能力の高い水上戦闘艦艇の量産を進めている。

また、中国は軍事利用が可能な無人艦艇（USV）や無人潜水艇（UUV）の開発・配備も進めているとみられる。こうした装備は、比較的安価でありながら、敵の海上優勢、特に水中における優勢の獲得を効果的に妨害することが可能な非対称戦力とされる。

このような海上戦力強化の状況などから、近い将来、中国海軍は潜水艦や水上戦闘艦艇から対地巡航ミサイルを使用して陸上目標に対して長距離精密打撃能力を有するようになり、空母と弾道ミサイル搭載原子力潜水艦（SSBN）を防護するため、対潜水艦作戦（ASW）能力を強化しているとの指摘もあり、引き続き関連動向を注視していく必要がある。

以上、台湾側と中国側の海上戦力の整備方向を概観した。その中で、現在の潜水艦戦力の比較においては、台湾側が数量的にやや優勢である。中でも、米太平洋艦隊の潜水艦はすべて原子力潜水艦で約50隻弱を保有しているが、これに対し中国海軍のそれは11隻で、その戦力・能力格差は極めて大きい。

海上自衛隊が保有する通常型潜水艦は、スターリング・エンジンやリチウムイオン電池を搭載したことで静粛性・隠密性や巡航速度、航続距離、連続潜水時間などが大幅に向上している。特に、世界に先駆けたリチウムイオン電池搭載型は事実上の次世代艦と見る向きも多く、このように、日本の潜水艦は逐次近代艦に置き換わりつつある一方、中国の潜水艦能力は限定的であると見られることから、日本は中国の同型潜水艦に比し同等以上の能力を有していると推定される。

さらに、既存潜水艦の能力を向上させた「試験潜水艦」を導入する計画もあり、また、オーストラリアが原子力潜水艦を導入する動きなどを念頭に、日本国内でも原子力潜水艦の開発に関する議論が俎上に載っている。

他方、機雷敷設能力は台・中側双方が保有しているが、中国の対機雷戦（掃海）能力は貧弱である一方、朝鮮戦争や湾岸戦争後に日本が見せたとおり、旧海軍・海上自衛隊は世界的に高い評価を受けている。

以上の諸点を総合的に判断すると、中国軍が台湾海峡で海上優勢を確保するのは、かなり困難であり、日米軍の協力を得た台湾側が数歩リードしていると見ることが出来よう。

つまり、中国軍は、この弱点の克服なしには台湾海峡を渡洋する着上陸侵攻に大きなリスクを伴うことが明白であり、台湾への武力侵攻を成し遂げるには、今後中国軍は水中戦能力の強化に向けて更なる注力を迫られることになろう。

## 3 着上陸侵攻の主役である地上部隊の造成は道半ば

中国の尖閣諸島・台湾侵攻の主力は海軍陸戦隊と陸軍からなる地上部隊である。

中国の地上（陸上）戦力は、約97万人とインド、北朝鮮に次いで世界第3位である。中国は、部隊の小型化、多機能化、モジュール化を進めながら、作戦遂行能力に重点を置いた軍隊を目指している。

具体的には、これまでの地域防御型から全域機動型への転換を図り、歩兵部隊の自動車化、機械化を進めるなど機動力の向上を図っているほか、空挺部隊（空軍所属）、陸軍・海軍所属の水陸両用部隊、特殊部隊及びヘリコプター部隊の強化を図っているものと見られる。

その中で、海軍陸戦隊8個旅団体制への増強は完了し、遠征渡洋作戦の能力向上に集中し続けているが、全体として、海軍陸戦隊の改革と近代化は遅れており、２０２０年までの近代化目標は達

**再編された中国海軍陸戦隊の構成**

| 旅団名 | 所属戦区 | 旧部隊名 |
|---|---|---|
| 陸戦第１旅団 | 南部戦区 | 第１陸戦旅団（既設） |
| 陸戦第２旅団 | 南部戦区 | 第２陸戦旅団（既設） |
| 陸戦第３旅団 | 東部戦区 | 福建省軍区第13沿岸防衛師団 |
| 陸戦第４旅団 | 東部戦区 | 上海警備区第２沿岸防衛師団 |
| 陸戦第５旅団 | 北部戦区 | 青島守備隊沿岸防衛団 |
| 陸戦第６旅団 | 北部戦区 | 第26集団軍第77自動車化歩兵旅団 |
| 特殊作戦旅団 | — | 中国海軍「蛟龍突撃隊」 |
| 航空旅団 | — | — |

（出所）Andrew Tate, "Growing Force: China's PLA Marine Corps Expands and Evolves," *Jane's Navy International*, April 11, 2019, p. 11より筆者作成

〈出典〉防衛研究所地域研究部ロシア研究室長・飯田将史「増強が進む中国海軍陸戦隊の現状と展望」（NIDSコメンタリー第238号、2022年９月27日）
http://www.nids.mod.go.jp/publication/commentary/pdf/commentary238.pdf（as of October 14, 2022）

成できていない模様である。他方、２０２０年には過去の１個旅団に加え、さらにもう１個旅団が完全に任務遂行可能な状態に達し、さらに４個旅団（うち一つは航空旅団）が初期運用能力を獲得したとの分析もみられる。

また、陸軍は、水陸両用作戦を遂行可能な６個合成旅団を編成しており、そのうち４個旅団は台湾を作戦範囲とする東部戦区に、２個旅団は南部戦区に配置されているほか、陸軍航空部隊や空挺部隊が大規模着上陸作戦時に役割を果たすとしている。

海軍は、新型の攻撃型潜水艦や対空能力を備えた水上戦闘艦艇及び第４世代の海軍航空機が配備され、第１列島線内における海上優勢の獲得や第３国の介入阻止を完遂するための体制構築を目指す一方、ドック型揚陸艦及び強襲揚陸艦の取得は小規模であり、輸送能力は依然として限定的であ

るとされる。

なお、輸送能力を含めた兵站（後方支援）の問題・課題については、次の「兵站（後方支援）」の項で詳しく述べることとする。

## 4　着上陸作戦における兵站の重要性

ロシアのウクライナへの軍事侵攻は、兵站（後方支援）の重要性と難しさについて学ぶ機会を与えた。

中国との対立が本格化している米国でも、「ロシア軍の補給問題、太平洋の米軍にも—米軍が兵站を改善しなければ、台湾防衛は失敗する可能性が高い」というような注意を喚起する論調が出始めているのは先に指摘した所である。

では、中国・中国軍はどうか。

前述の通り、着上陸作戦は、百万単位の兵員や兵器・弾薬、装備品など、『山・動く』ほどの人員・物資を戦場で動かす兵站線に依存しており、その確保なしには作戦の成功は望むべくもない。

また、着上陸作戦は、作戦運用上も技術上も大規模かつ複雑・精巧な仕組みと協同連携が必要とされる作戦であり、その成否は、周到な「計画と準備」があるか否かによって決定的になる。特に、大規模な軍事作戦を支える兵站面での綿密な準備が強調される一方、第2次世界大戦型の上陸作戦に比し、現在の着上陸作戦では、小規模・分散・隠密かつ立体的な奇襲作戦が時代の要請となっており、そのため、兵站準備を相手側に察知されず、対応の暇を与えないように秘匿欺騙を重視することも必要になる。

特に上陸作戦に任ずる海軍陸戦隊や陸軍は、上陸作戦全体を効率的に実施するため、着上陸作戦の段階に応じて必要とされる兵器弾薬・装備品類を強襲揚陸艦や上陸用舟艇などの輸送艦に逆順に積み込む「戦術的積み込み（Tactical Loading）」が必要である。その際、海上機動から強襲上陸の過程において、敵の攻撃で輸送艦の1隻が失われたとしても、残りの輸送艦で十分に対応可能であり、それが作戦全般に悪影響を及ぼさないように、敵の攻撃による損害を最小限にするため、各輸送艦の積み込みは自己完結性を備えたものとし自立的に行動できることが求められる。

その上で、侵攻部隊の主力となる「艦艇から海岸への機動（Ship-to-Shore Maneuver）」が決定的なまでに重要であり、その兵站物資を揚陸する上で、既存の港湾が利用できればそれが最善であるが、相手方による港湾の予防破壊や抵抗によって港湾の確保は困難を極めることになろう。そのため、海岸に人工の港湾や埠頭を応急的に設置する工兵能力を随伴する措置対策を講じておかなければならない。

アメリカ軍の海上での兵站システムは、油槽船、弾薬運搬船、修理用船舶、タグボート、病院船、補給船など、着上陸作戦（水陸両用作戦）遂行に際してのあらゆる要請に応じる能力を有する「海上補給部隊」を編成している。また、近年では、海兵隊がグアム～サイパンやディエゴ・ガルシア海域などに展開するシー・ベイシング（Sea-Basing）としての海上事前集積艦（ＭＰＳ）も兵站問題を解決するための有力な手段となっている。

このように、中国の台湾に対する着上陸作戦には、その兵站だけをとってみても、周到な「計画と準備」、そして実行に当たっての大規模かつ複雑・精巧な協同連携が必要である。

前述の通り、台湾国防部は２０２１年12月、立法院に提出した中国の軍事力に関する報告書の中で、輸送アセットや後方支援体制が不十分であることから、大規模な着上陸作戦能力は未だ完備していないとの公式見解を示した。つまり、兵站（後方支援）に最大のネックがあるという指摘である。

尖閣諸島・台湾危機が切迫しつつあるとの警戒感が高まる中、果たして、中国の着上陸作戦の計画準備そして実戦的訓練は実効性をもって向上し戦闘準備が整っているのか、中でも経海・経空の戦力投射を支援する兵站（後方支援）は万全なのか、特に、前項で述べたように、中国の着上陸侵攻の成否は港湾奪取の如何に係っており、その点を慎重に見極める必要がありそうだ。

また、ウクライナ戦争が示すように、もし、中国が尖閣諸島・台湾への軍事侵攻に打って出れば、西側諸国からの経済制裁は必至で、中国封鎖網が強まるのは間違いない。そのため中国は、海外に依存しない「製造強国」及び「自立自共」を目指しているが、同時に、制裁をかわし軍事侵攻を支える必要不可欠な技術や部品調達の方途を見い出すよう迫られることになろう。

なお、アフガニスタン戦争やイラク戦争以降、軍事の民営化が拡大している。その担い手として民間軍事会社（PMSC）が台頭し、非戦闘任務にまで業務が拡大・多角化している。

ウクライナ戦争では、ロシアの民間軍事会社「ワグネル（Wagner）」が第一線の戦闘任務にまで進出しているとの衝撃な事実が明らかになった。ただし、ワグネルは、表向きPMSCを装っているが、その実態は「プーチンの陰の軍隊」と呼ばれる事実上国の一機関であると見られ、ロシア国防省の完全な手先（第2軍隊、傭兵）として暗躍していると指摘されており、米国などのPMSCとは異質のものである。

軍事の民営化には、①正規軍の補完・代替、②政治リスクの軽減、③サービスの多角化による効率性の向上といった利点が強調され、業務の形態によって「軍事役務提供企業」「軍事コンサルタント企業」「軍事支援企業」の大きく三つに分類される。

「軍事支援企業」には、物資の調達・供給・輸送や兵器等の修理・整備といった兵站（後方支援）に関する多岐にわたるサービスを軍隊などに提供するものがある。今後、軍隊における兵站業務の負担軽減や効率化の推進を図る上で、軍事の民営化が一段と進展する可能性があり、この点に関しては民間貨客船を徴用できる国防動員法との係わりもあり、今後の中国軍の動向には注意が必要である。

## 5　中国軍の統合化の推進

### (1) 困難を伴う中国軍の統合化への取り組み

中国は、湾岸戦争（1990年8月～91年2月）やコソボ紛争（1998年2月～99年6月）、イラク戦争（第2次湾岸戦争、2003年3月～11年12月）などにおいて見られた世界の軍事動向、なかでも米軍の統合化と軍事革命（RMA）の一体的進展に、自国の完全な時代遅れを感じ危機感を覚えたと伝えられている。ロシアも同様であった。

それを契機に中国軍では、米軍の先駆的改革にキャッチアップしなければならないとして、情報化条件下で一体化した統合作戦の遂行を求められる時代の要請にどのように応えるかが大きな課題となってきた。

現在中国は、習近平総書記の指導の下、「軍改革」を推進中であり、そのうちの中心的課題の一つが統合作戦能力の向上である。

もともと中国軍は、ソ連型の大きな陸軍の組織であり、従来の「7大軍区」は陸軍中心で管理されてきた。しかし、中国は、「A2／AD」戦略および「一帯一路」構想にもとづいて、海洋侵出を推進するために戦力をより遠方に展開させる能力、すなわち海空軍戦力を中心とした軍事力の広範かつ急速な強化に迫られた。そのため、いわゆる「大陸軍」主義を放棄し、陸軍構成員を中心とする軍の人員30万人削減とそれを財源とした海空軍戦力の増強を進めることになった。

陸軍は、統合作戦体系における位置付けを如何に調整するかの課題を突き付けられ、その結果、他の軍種、すなわち海・空軍及びロケット軍と同格とされ、海・空軍司令部及びロケット軍司令部と横並びの「陸軍指導機構」（いわゆる陸軍司令部に相当）が創設された。そして、軍全体で統合運用能力を高めるため、名称も「軍区」から「戦区」に変え、各戦区には各軍種を一体的に運用する常設の統合作戦司令部が設けられている。

また、その一環として中国共産党が最高戦略レベルにおける意思決定を行うための「中央軍事委員会統合作戦指揮センター」が設立された。さらに、これに先立って、中国共産党の機関紙「人民日報」系列の国際版である環球時報（電子版）は、中国軍が２０１３年11月、東シナ海に防空識別圏を設定したのに続き、中央軍事委員会の統括の下、「東海（東シナ海）合同作戦指揮センター」を新設したと伝えた。

「軍区」から「戦区」への移行当初、各戦区司令員（司令官）は、これまでの経緯もあり、全て陸軍出身で占められ、政治委員の多くも陸軍出身者が就任していた。しかし、２０１７年1月に海軍中将が、同年10月には空軍上将が陸軍種以外で初めて戦区司令員に任命された。そして、戦区司令員の軍種に応じて、副司令員や副政治委員は陸軍、海軍、空軍の3軍種からバランスを考慮して選出され、統合化を増進する工夫がなされるようになっており、人事面においても統合に向けた動きが強化されているという。

同時に中国は、近年、統合作戦遂行能力向上の取り組みの実効性を確保することを目的として、

**中国軍の配置（イメージ）**

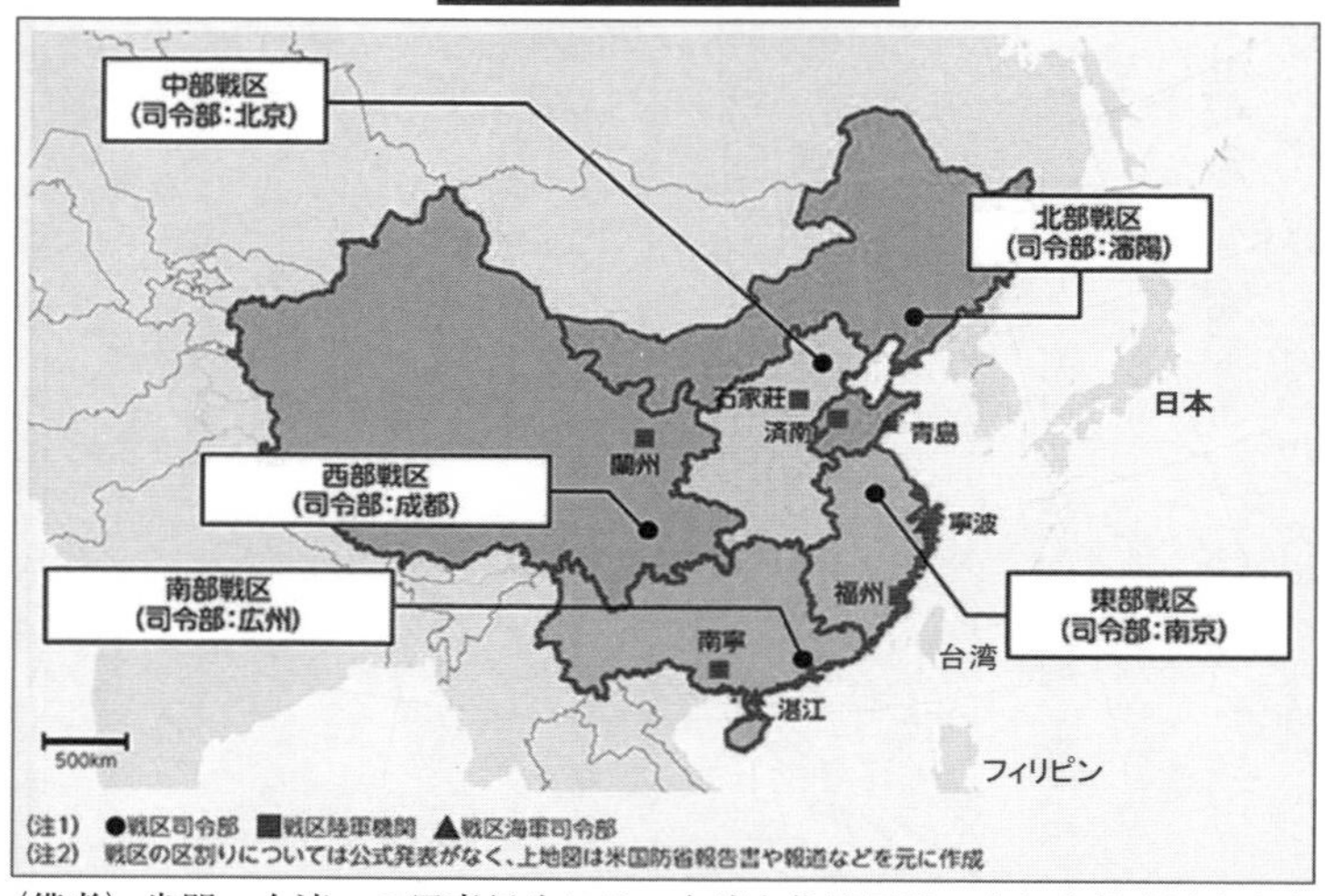


〈備考〉尖閣・台湾への軍事侵攻には、台湾を作戦区域に含む東部戦区を中心に北部・南部戦区の部隊が投入されると見込まれる。（筆者付記）
〈出典〉要図：令和４年版『防衛白書』（防衛省）を筆者一部補正

実戦を強く意識した三軍統合演習などの訓練も行っている。

人事に話題を戻すと、インド太平洋地域は大部分が海洋であるため、歴代の米インド太平洋軍（ＩＮＤＯＰＡＣＯＭ）司令官には、１９４６年の太平洋軍（ＰＡＣＯＭ）設立以来、常に海軍大将が就任し、統合作戦の中心的役割を果たしてきた。

一方、中国の尖閣・台湾への軍事侵攻には、「５大戦区」のうち、台湾を作戦区域に含む東部戦区を中心に北部・南部戦区の部隊が投入されると見込まれている。しかし、次頁の表の通り、２０２２年11月現在の北部を除く全戦区の司令員は陸軍上将で占められており、海空を主作戦フィールドとする統合侵攻作戦を遂

中国「5大戦区」の司令員（司令官）（2022年11月現在）

| 戦　区 | 司令員（官） | 階　級 | 軍　種 | 生年（年齢） |
|---|---|---|---|---|
| 北部戦区 | 王　強 | 上　将 | 空　軍 | 1963年生（59歳） |
| 東部戦区 | 林　向陽 | 上　将 | 陸　軍 | 1964年生（58歳） |
| 南部戦区 | 王　秀斌 | 上　将 | 陸　軍 | 1964年生（58歳） |
| 中部戦区 | 吳　亞男 | 上　将 | 陸　軍 | 1962年生（60歳） |
| 西部戦区 | 汪　海江 | 上　将 | 陸　軍 | 1964年生（58歳） |

〈出典〉台湾国防安全研究院・国家安全所から提供された資料などを基に筆者作成

行するに当たり、依然として陸軍に偏った人事を含め相応しい体制になっているかどうかを慎重に見極める必要がありそうだ。

ロシアは、１９９７年以降、統合運用に向けた軍改革を本格化させてきた。中国では、２０１５年11月の18期３中全会（中国共産党第18期中央委員会第3回全体会議）において、習近平国家主席が、軍改革の具体的方向性について初めて公式の立場を表明した。中国軍の統合化は、ロシアにやや遅れて始動したが、その動きは前胡錦濤政権（２００２～１２年）時代から模索されてきたものではある。

ロシアは２０１０年12月以降、従来の６個軍管区を西部、南部、中央及び東部の４個軍管区に改編したうえで、各軍管区に対応した統合戦略コマンドをそれぞれ設置し、軍管区司令官のもと、地上軍、海軍、航空宇宙軍など全ての兵力の統合的な運用を行っている。

同じように中国も、２０１６年末までに、従来の「７大軍区」が廃止され、作戦指揮を主導的に担当する「5大戦区」、すなわち東部、南部、西部、北部及び中部戦区が新編され、それぞれ統合作戦司令部を設けている。

このように、中国の軍改革は、ロシアのそれと同じアプローチをとっていることが分かるが、大きな違いは、ロシアは飽くまでも地上軍主体の改革である一方、中国の改革は、その開始の遅れに加え、陸軍主体から海空軍重視に切り替えたことで、ロシア以上に二重三重の困難を伴うことは想像に難くない。

## （2）米軍と中国軍の統合格差

他方、米国では、1986年の「ゴールドウォーター・ニコルズ法」が議会のイニシアティブにより成立し、米軍の統合は法律で義務付けられたことにより大きく前進した。

ゴールドウォーター・ニコルズ法は、統合参謀本部議長の権限の強化や「統合」に関する専門知識を持った統合特技将校（JSO）の養成と人事管理の重視について規定した。

特に、統合軍司令官に対しては、作戦、統合訓練、兵站を含む隷下部隊に対する「権限に基づく指示」や、指揮系統の設定、部隊の編成、戦力の運用、隷下指揮官への指揮機能付与、管理・支援および規律の調整と承認、隷下指揮官や参謀の選定、部下の停職、軍法会議の開催などを行う広範な権限が与えられた。また、各軍（軍種）の戦力はいずれかの統合軍に割り当てられ、国防長官の承認なしには割り当て先から移動させることは出来なくなった。

おりしも世界では、1970年代に始まった民間における情報分野での技術革新（IT革命）が軍事技術の分野にまで広がって軍事革命が起こり、米軍は技術の面からもシームレスな3次元の戦いにおいて統合を強化する動きを加速した。この軍事革命と統合化の一体化がドクトリンとして結実したのが1980年代に発表された米陸軍の「エアランド・バトル（Air-Land Battle）」という概念であり、現代の統合作戦理論の原型となっている。

中国の統合は、ロシアと同じアプローチをとりながら、ロシアに少し遅れて始まった。さらに、ロシアは、引き続き地上軍主体で統合を強化しているが、中国は陸軍主体から海空重視への転換を図りながらの統合強化を目指している。

ウクライナ戦争において、ロシア軍が統合作戦の欠如によって苦戦していることは、先に述べた通りであり、ロシア以上に二重三重の困難を伴うことが予想される中国軍の統合強化が上手く運ぶかは大いに懸念されるところである。

さらに、インド太平洋で対立する米国とは、統合への着手が20年以上も後れを取っている。それに加え米軍は、湾岸戦争やコソボ紛争、イラク戦争などで、統合作戦を実戦の場で検証し、その都度、ドクトリンの見直しに意欲的に取り組んでいる。一方、中国軍は、統合作戦の実戦経験が無いに等しく、このような米軍との統合の格差に、いかにキャッチアップするか、それが出来るのかといった大きな課題を抱えている点にも注目すべきである。

## 第4節　中国軍の台湾に対する着上陸侵攻能力の評価

### 1　中国軍のソ連軍／ロシア軍との類似性の面からの評価

第1章で、中国軍は基本的に「ソ連型の軍隊」であり、その意味において、中国軍はロシア軍と組織、兵器・装備、戦い方、指揮統制、教育訓練、人事制度などにおいて少なからぬ類似性を共有していることを指摘した。

また、近年、両国は「包括的・戦略的協力パートナーシップ」を確立し、近代的な兵器の輸入や共同開発、定期的な軍高官などの往来、共同訓練・演習などを通じて相互運用性（インターオペラビリティー）の向上を図っている。

これらを背景に、ウクライナ戦争におけるロシア軍の作戦の実際を検証すれば、そのパフォーマンスから秘密のベールに包まれた中国軍の隠された実体あるいは実力の一端をあぶりだすことが出来るのではないか考え、ロシア軍の軍事作戦の実際と中国軍への含意（インプリケーション）を明らかにしようと試みた。

以下、主要分析項目に沿って、その結果を総括することとする。

### （1）大陸国家のロシア軍と大陸国家・ソ連型軍隊から海洋侵出を目指す中国軍

ロシア軍は、地政戦略上、地上軍（陸軍）中心の軍事体制を採っている。一方、中国軍はこれまでの陸軍中心のソ連型から、海洋侵出に向けて海・空軍重視へとコペルニクス的大転回を図ろうとしているが、その取り組みには大きな困難を伴うであろう。

### （2）「戦争に見えない戦争」を仕掛けるロシアと中国

ロシアのウクライナ侵攻は、ゲラシモフ参謀総長の軍事理論である「ハイブリッド戦」に沿って「戦争に見えない戦争」として開始された。

中国も同理論に近似した戦略路線を選択しているものと見られる。すなわち、まず、純然たる戦時とは認定しがたい条件の範囲内で、軍事的手段と非軍事的手段を複合的に使用し、相手に気付かれないうちに外形上「戦争に見えない戦争」を仕掛ける。しかし、それによる可能性が尽きた場合には一挙に軍事行動へと移行し、最終的に最先端技術・兵器を駆使したマルチドメインの「情報化戦争」「智能化戦争」をもって戦争の政治的目的を達成するという計略である。

その「ハイブリッド戦」としての尖閣諸島や台湾に対する「戦争に見えない戦争」はすでに始まっている。

## （3）NATO・G7のウクライナ支援

ウクライナ戦争におけるロシア軍の苦戦の一因は、NATOやG7を中心とした西側諸国による経済・金融制裁並びに大規模な兵器供与と情報提供などの軍事支援にある。

もし、中国が尖閣諸島や台湾への軍事侵攻に踏み切れば、西側社会は更に結束を強め、中国包囲網を狭める可能性が高く、中国は自国の「孤立化」について更に警戒を強め、その覚悟の上での決断を迫られることになろう。

## （4）情報戦とサイバー戦

ロシアは、軍事侵攻前から、嘘や偽り（虚偽）、フェイクニュース（捏造）あるいはナラティヴ（作り話、フィクション）、プロパガンダ（政治宣伝）などを重用した情報戦を展開した。また、サイバー攻撃によってウクライナの軍事活動を妨害し、社会インフラに壊滅的な被害を与えた。同様に、中国も平素から情報戦とサイバー戦を強力に展開し、その脅威は常態化している。

しかし、ウクライナが示したように、グローバル社会・情報化社会の中で、同盟国・友好国との国際協力や民間の協力支援を得て適切な対策を講じれば、対情報戦・サイバー戦に一定の効果を発揮できることも明らかになった。

また、閉鎖的な情報空間のロシアと開放的な情報空間のウクライナや欧米諸国の情報戦は、国際社会の共感や信頼度などの面でパーセプション・ギャップを生じ、概してロシアは失敗、ウクライナや欧米諸国は成功とみなされている。

ロシア以上に言論・情報統制やプロパガンダを徹底強化している「習近平の中国」には、「プーチンのロシア」の情報戦以上に失敗に帰する危うい可能性が潜んでいると言えよう。

### （5）核兵器の使用（核恫喝を含む）

ロシアは、ウクライナ戦争において核恫喝を行い、また核使用のリスクを高めた。それによって米国およびＮＡＴＯは、軍事介入すれば、核戦争に拡大する恐れがあるとの判断から、紛争が欧州戦争あるいは第３次世界大戦へと全面拡大することを恐れて直接的な軍事介入の選択肢を完全に排除し、供与する兵器の性能にも一定の制限を加えた。

世界最強の軍事大国である米国が最も恐れるのが、核戦争への拡大であることが白日の下に晒されたため、敵対国による核恫喝や核使用のリスクがより決定的な効果を発揮するというパラドックスを生む結果となったのは皮肉である。

米中間では、中距離核戦力（ＩＮＦ）に「米弱中強」の「ミサイル・ギャップ」があり、また短距離（戦術／戦場）核も中国が優勢である。そのため、中距離（戦域）核以下の「核の傘」の信ぴょう性の低下を衝いて、中国が核恫喝によって米国の軍事介入を阻止するとともに、日本や台湾を恐れ怯ませつつ、不意急襲的に通常戦力による軍事侵攻を発動する恐れすら否定できない。また、中国は、ロシアが苦況打開のために核使用の可能性を仄めかせたことに倣い、戦術核の使用の誘惑に駆られる場合が十分にあり得ることも想定して、米国の台湾を含む地域的拡大抑止の提供に関する協議を速やかに開始し、その実効性ある体制整備を急がなければならない。

### （6）作戦・戦術の特性と指揮統制

ロシア軍が伝統とするソ連型戦術は、圧倒的な火力によって焦土化した後に部隊を送り込む作戦に見られる通り、スターリン時代からほとんど変わらない定型化した固定的な戦法を採っている。一方、ウクライナは、ソ連型からＮＡＴＯ型への軍改革の成果を反映し、戦況の変化に適応できるようコンパクトで機動性に富み、柔軟かつ機敏で「巧みな作戦」に特徴がある。

ソ連型の指揮は、伝統的に厳格なトップダウン（上意下達）型であり、上官が部下に状況の変化に合わせ柔軟に対処する権限をほとんど与えない硬直した中央集権型のスタイルである。一方、ＮＡＴＯ型は、いわゆる委任型指揮といわれるもので、上官が部下に具体的な戦闘の方法などの意思決定を委ねるという柔軟かつ自発性を重視するやり方をとる。

米軍との相互運用性の向上を追求する自衛隊や台湾軍と中国軍と間には、ウクライナ軍とロシア軍との比較における相違と同じものが存在すると考えらる。特に、台湾に対する複雑多岐で自発性・創造性が求められる着上陸作戦を遂行する中国軍は、ロシア軍がウクライナで直面した厳しい課題を突き付けられることになろう。

**（7）統合作戦と海上・航空優勢の獲得**

ウクライナ戦争におけるロシア軍の失敗の一因として、航空優勢が確保できないまま地上戦に突入するなど、統合作戦の不備を指摘されている。

中国は、ロシアより約10年以上、米国より20年以上遅れて統合化を始めた。さらに、陸軍中心から海空重視への大転換を進めており、中国軍の統合作戦能力が米国をキャッチアップできるかは大いに懸念されるところである。

なお、本件に関しては、次の第2項においても説明しているので再確認されたい。

**（8）兵站（後方支援）**

ウクライナ戦争におけるロシア軍の失敗の大きな要因の一つが、兵站（後方支援）の失敗・不備にあることは専門家の間で一致した見方になっている。

中国の台湾への着上陸侵攻は、百万単位の兵員や兵器・弾薬、装備品など、「山」ほどの人員・物資を戦場で動かす兵站線に依存しており、その確保なしには作戦の成功は望むべくもない。まさに、兵站が作戦の全般構想を規制すると言っても過言ではない。

しかし現在、台湾国防部が、中国軍の輸送アセットや後方支援体制が不十分であることから、大規模な着上陸作戦（水陸両用作戦）能力は未だ完備していないとの公式見解を示している通り、中国軍は兵站（後方支援）に最大のネックを抱えているものと見られる。

なお、中国の台湾への着上陸侵攻における兵站（後方支援）に関しては、次の第2項においても説明しているので再確認されたい。

### （9）安易に破られる国際法

ウクライナ戦争におけるロシア軍は、戦時国際法を無視して軍事目標と文民・一般市民を区別しない無差別攻撃を行うとともに、首都キーウ近郊「ブチャ」をはじめロシア軍が侵攻した広範な地域で「ジェノサイド（民族大量虐殺）」と指摘される人類最悪の戦争犯罪を行っているとして批難されている。

中国は、ロシアと同じように国際法を守らない国である。また、尖閣諸島や南シナ海で見られるように、自国の一方的な主張に基づく国際法解釈に沿って国内法を作り、「ルールに基づいた国際秩序」を塗り替えようとしており、当然、戦時国際法を順守することはないであろう。

そのため、ロシアがウクライナで行った無差別攻撃やエネルギー・インフラ破壊作戦によって住民数百万人を電気も水道もない状態に陥らせた不当かつ残虐な攻撃などの可能性を念頭に、台湾は「全民国防教育」体制を通じて教育訓練を徹底するなど必要な措置対策を講じておくことが必要である。

### （10）「士気の戦い」と組織的レジスタンス

ロシアは、ウクライナの国土防衛の決意を破ることができなかった。その大きな理由は、首都キーウの早期掌握によるゼレンスキー政権の早期排除を企図した斬首作戦に失敗したことや、情報戦やサイバー戦を通じてウクライナ国内での情報支配を確立できず国民の士気を低下させるという「士気の戦い」に失敗したことなどである。

一方、ウクライナは、ゼレンスキー大統領が国民総動員令を発令して不退転の決意を示し、国民を励まして団結・士気を高めたこと、また、欧米諸国の兵器供与や情報支援を受け、圧倒的に優勢なロシア軍に対して劣勢のウクライナ軍が善戦敢闘していることなどが挙げられよう。さらに、それを国民の力に変え、国民による組織的レジスタンスへと導いた同大統領の卓越したリーダーシップが評価される所以である。

すでに中国は、台湾周辺の海空域で圧倒的な軍事力による威圧を強め、台湾への言説に偽情報を注入するなど、台湾人の認知領域にまで働きかけながら、平時の台湾の士気を弱めるためのプロパガンダ・キャンペーンを展開している。

有事になれば、中国軍は、ロシアのウクライナの決意に対する明らかな過小評価を教訓として、台湾の士気を打ち砕き、「組織的レジスタンス」の打破に一段と注力することを厳重に警戒しなければならない。

### (11) 軍の「プロフェッショナル化」の未発達——兵士の募集と教育訓練

ロシアの軍の「プロフェッショナル化」については、兵士(兵卒)の徴集(徴兵)義務が1年間であることと、軍の精強性の要である下士官を終身雇用制度ではなく任期制の契約勤務制度で賄っている制度上の制約などに起因した兵士の育成に問題があり、それが作戦の失敗に繋がっている一因と見られている。

中国軍は、下士官の質の問題を抱えるとともに、経済の急成長と人口減少・少子高齢化のなか、志願者不足に悩んでいるようである。また、長年にわたる「独生子女政策(一人っ子政策)」にともなう制度的弊害の後遺症が是正されるまでには、相当の年月を要すると見られ、人口減少に転じた中国は、当分の間、「ひ弱な兵士」の存在に悩まされ続けることになろう。

### (12) 正規軍との本格的戦争の経験不足

ソ連邦崩壊後のロシアの主な戦争・紛争は、軍事小国や反政府勢力などの非国家主体による民族紛争に介入した対ゲリラ・対テロ戦が主体の「小さな舞台での戦い」であった。ウクライナ戦争は国家対国家、正規軍対正規軍の本格的戦争となった「大きな舞台での戦争」「未体験ゾーンの戦争」で、そこに踏み込んだことから予期せぬ混乱や錯誤に陥っている。

中国は、第2次大戦型の中越戦争以来、本格的な実戦経験がない。これに対し、冷戦終結後、湾岸戦争、ボスニア・ヘルツェゴビナ紛争、コソボ紛争、イラク戦争、アフガニスタン紛争など多種多様な現代戦を経験し、いわば「百戦錬磨」の教訓の上に将来戦を睨んで常に変革を進めている世界最強の米軍との戦いは、容易ならざるものになるであろう。

## （13）新兵器の優位性への疑念と在来兵器との未融合

プーチン大統領は、ウクライナ侵攻当日のテレビ演説で、現代のロシアは「世界で最も強力な核保有国の一つ」というだけでなく、最新兵器でも優位性があると強調した。しかし、最新兵器は、戦況を一変させるようなゲームチェンジャーの効果を発揮していない。また、兵器の大部分を占める在来兵器と融合した「ハイ・ロー・ミックス」のシステム運用は今のところ確認されていない。

中国は、２０１９年10月１日の建国70周年の軍事パレードで23種の最新兵器を公開し、軍事力を内外に誇示したが、今後、近未来の戦場において、これらの新兵器の優位性を十分に発揮できるのか、そして、大きな比率を占める在来兵器と融合した効果的・一体的な戦いができるのかといった、ロシアがウクライナ戦争で直面し、成果を挙げることが出来なかった重要な課題の解決に力量を問われることになろう。

## 2　中国軍の台湾への着上陸侵攻能力の面からの評価

第3章で、中国軍が台湾を武力統一するには、着上陸侵攻を行うことが必須条件であり、その決着に待たねばならないことを指摘した。そして、着上陸作戦は、基本的に四つの要件で構成されることを説明した。

その上で、中国軍が着上陸侵攻を遂行するに当たり、その実力を本当に持っているのか否かについて分析した結果は、以下の通りである。

### （1）航空優勢と海上優勢

中国軍は、航空基地や作戦機の数量に勝ることなどから、日米台軍に対し絶対的な航空優勢（制空権）を確保できるとは言い難いが、相対的かつ部分的に航空優勢を確保できる可能性は高いと見ることが出来る。

一方、海上優勢については、日米台軍が協力した場合、海上優勢を確保するのは、かなり困難であり、劣勢の主要因である水中戦能力の強化に向けて更なる注力を迫られることになろう。

### （2）着上陸作戦の主役である地上部隊の造成

中国軍は、着上陸作戦の主役である海軍陸戦隊8個旅団体制への増強を完了している模様であるが、その改革と近代化は遅れていると指摘されている。
また、陸軍は、水陸両用作戦を遂行可能な6個合成旅団を編成しているが、これらを輸送する能力は依然として限定的であるとされ、総じて着上陸侵攻の地上部隊の造成は整備途上の未完成の段階にあると見られ、その早急な整備が求められよう。

**（3）兵站（後方支援）**

台湾国防部が立法院に提出した中国の軍事力に関する報告書の中で指摘した通り、中国軍の輸送アセットや後方支援体制が不十分であることから、大規模な着上陸作戦能力は未だ完備していないと見られる。

中国の台湾への着上陸侵攻の最大のネックは、兵站（後方支援）にあると認識されており、侵攻時に台湾の主要港湾を安全に奪取して侵攻基盤と兵站ラインを確保できるかどうかが最大の焦点である。

逆に台湾は、予想される長期戦に備えるため、弾薬・ミサイル、燃料、整備用部品、食料など必要な物資を十分に備蓄するとともに、予め日米と台湾を繋ぐ後方連絡線（line of communications）を確保するための措置対策を講じておくことが極めて重要である。

### （4）統合作戦

中国軍の統合への着手は、米軍に比し20年以上も後れを取っている。また、統合作戦の実戦経験は無いに等しく、このような米軍との統合の格差に、いかにキャッチアップするか、それが出来るかといった大きな課題を抱えている。

他方、米国防省の2022年「中国の軍事活動に関する年次報告書」によると、2022年10月の人民解放軍の幹部人事で「台湾に関する経験や宇宙分野の専門知識」が重視されていると分析されている。その割には、台湾を作戦区域に含む東部戦区を中心に北部・南部戦区の部隊が経海・経空による台湾侵攻作戦に投入されると見込まれる中で、北部を除く全司令員が陸軍上将で占められているなどの難点も指摘される。

## 3　まとめ　中国の尖閣・台湾への侵攻時期は「統合着上陸作戦システム」の構築次第

中国は、ゲラシモフ軍事理論を実戦で応用した2014年の「クリミア併合とウクライナ東部への軍事介入」から2022年の「ウクライナ戦争」に至った戦例を踏襲するかのように、核を含む軍事力の強化と威圧を背景に、フェイク（虚偽情報）やナラティブ（作り話、フィクション）、プロパガンダ（政治宣伝）を駆使した情報戦や認知戦、サイバー戦などの非軍事的手段を駆使した統一戦線工作をこれまで以上に強化することは間違いない。

もし、それによる可能性が尽きたと判断した場合は、一挙に軍事行動へと移行し、最先端技術・兵器を駆使した「情報化戦争」ないし「智能化戦争」をもって戦争の政治的目的を達成しようとするであろう。

最終的に、台湾統一という軍事作戦に与えられた政治目的を達成するには、海上・航空優勢を獲得し、その下に台湾海峡を越えて地上戦力を投射し、ロシアがウクライナ戦争で行っているように、相手の領土を占領し国土と国民を支配しなければならない。そのためには、地上部隊である海軍陸戦隊（海兵隊）や陸軍の作戦による着上陸侵攻が不可欠であり、その決着に待たねばならない。

現時点では、中国軍の海軍陸戦隊の改革と近代化は遅れており、２０２０年までの近代化目標は達成できていない模様である。中でも、台湾国防部が２０２１年12月、立法院に提出した中国の軍事力に関する報告書で述べたように、「輸送アセットや後方支援体制が不十分であることから、大規模な着上陸作戦能力は未だ完備していない」と見積られている。

近年の着上陸作戦は、陸海空をプラットホームとした対艦・対空ミサイルの発達や水中戦能力の強化などを背景に、第２次世界大戦のノルマンディー上陸作戦（１９４４年）のような大規模な部隊が広い海岸正面に船団を組んで続々と上陸するような作戦は困難と指摘されている。一方、台湾における中国軍の上陸適地は、海岸線１１３９kmのうち、わずか10％程度で、大小合わせて13〜14か所しかない上に、その海岸の長さ・面積も狭く大部隊の上陸正面は極めて限られている。

そのため、中国軍の台湾着上陸侵攻は、小規模に分散して隠密かつ立体的な奇襲作戦を行う傾向を強めるものと見られる。

また、尖閣・台湾有事には、中国と日米台など双方の対艦・対空ミサイルの激しい応酬によって、東シナ海から台湾海峡そして南シナ海の大部分は「熾烈な戦闘が連続する海域」となろう。

中国軍の沿岸部における航空基地の配置・数量や防空ミサイルの能力などから、中国軍は一定の航空優勢は確保できそうであるが、水中戦（潜水艦、機雷、無人水中艇）が決定的影響を及ぼすと見られる海上優勢の確保は覚束かず、東シナ海から南シナ海に至る海域は、彼我ともに水上艦艇による部隊行動の自由を確保できない状況が生まれる可能性がある。

結局、東シナ海から南シナ海に至る海域は、一種の「部隊行動の空白地帯」あるいは「部隊行動の不能地帯」と化すことすら予測され、戦場の主役を無人航空機（UAV）や無人水上艦艇（USV）などの無人戦闘システムに明け渡すことになるかも知れない。

つまり、日米台などの当事国が対艦・対空ミサイルや無人戦闘システムを配備し、潜水艦・機雷などの水中戦能力を拡充して抑止・対処する体制を強化する中、現状では、中国軍は台湾を武力で簡単に占領することはできないと言うことである。

繰り返すが、習主席は、「不確実な戦争や準備のできていない戦いはするな」との毛沢東の格言を好んで引用している。そのことは、習主席に対し、軍首脳から、中国軍の本当の実力に関する正しい情報が入っているとすれば、尖閣・台湾占領のための侵攻準備は現段階では未完成である、との本論旨を裏付けることにもなろう。

果たして中国は、海上・航空優勢を獲得し、兵站の問題を克服して幅約１５０㎞の台湾海峡を無事渡り切り、軍事変革の動向に沿った小規模・分散・隠密・立体的な奇襲作戦を敢行し、限られた上陸適地への統合一体化した着上陸侵攻を成功させる体制を整えることが出来るのか、それは何年頃になるのかという問題に対する慎重な見極めが今後の焦点である。

言い換えると、軍事的合理性の観点からすれば、中国の尖閣・台湾への軍事侵攻は、「統合着上陸作戦システム」の構築次第であり、中国がその構築に自信を持った段階になるということだ。

残された課題の要点は、海上優勢の獲得と統合作戦能力、着上陸作戦の主役である海軍陸戦隊と同作戦が遂行可能な陸軍の造成、台湾の主要港湾の安全奪取と兵站ラインの確保である。

これらの能力やノウハウの獲得については、ハードウェアの面ではここ数年の期間を要するであろう。しかし、ソフトウェアの面では、ハードウェアの面と同じようには運ばず、それ以上の年月が必要と見込まれ、決して容易に出来ることではない。

と言うのも、中国軍は、「ソ連型の軍隊」として建設され、その後継であるロシア軍と組織や戦い方、指揮統制、教育訓練、人事制度などの面で一定の類似性を共有している。そのため、ウクライナ戦争におけるロシア軍の失敗や不具合の原因として指摘される共産主義あるいは強権主義の軍隊に内在する本質的な問題としての「軍事システムの体系的欠陥」を、いわゆる「マルチドメイン作戦（ＭＤＯ）」型の近代戦に適応できるコンパクトで機動性に富み、柔軟かつ機敏性ある軍隊へと変貌させるには相当の期間を要するか、改善できないまま宿痾的に引き摺ることになると考えられるからである。改善できない場合は、戦場において失敗や弱点として現れることになろう。

その上で、中国の軍事的条件が整い軍事力行使に踏み切る場合、尖閣諸島を焦点とした南西地域の占領を台湾侵攻に先行させれば、日米安全保障条約第5条が適用され、間違いなく日米との大規模な武力衝突に発展するとともに、西側社会の対中協力連携の枠組みが強化され、本丸の台湾統一の重大な障害になる可能性が極めて大きい。そのこともあり、日本の尖閣諸島の奪取は、台湾侵攻と同時並行的に、あるいはそれに前後して実施される公算が高いと見ることが出来よう。

しかし、習主席は、経済の減速と雇用の悪化やゼロコロナ政策の失敗、それへの抗議から始まった「白紙革命」などに伴なう国民の不満や社会的混乱から注意をそらすとともに愛国心に訴えることや自らの歴史的実績（レガシー）作りなどの政治的動機から、軍事的条件が整う前にも対外的危機をつくり出し台湾侵攻を発動する可能性は否定できない。そのような「誤算のリスク」がもたらす不測の事態があり得ることを常に想定し、日本、日米、日米台の抑止・対処体制の整備強化を急がなければならない。

# 第4章

# 直面する「台湾有事は日本有事」の危機に日本はどう備えるべきか
## ——日本の安全保障・防衛体制強化の方向

## 第1節　東アジアの安全保障環境と日本

### 1　習近平の3期目5年間は「最も不安定で不確実な時期」

2022年10月、5年振りに開催された中国共産党第20回党大会で、異例の3期目への続投を果たした習近平総書記（国家主席）は、過去2期10年間で「中華民族発展に輝く歴史的勝利」を収めたと自画自賛し、自身の統治に自信を深める発言を行った。したがって今後の5年は、これまでの主要政策を基本的に踏襲する模様であるが、「一強」の独裁的な権力基盤を固めたことから、経済の減速と雇用の悪化やゼロコロナ政策の失敗、それへの抗議から始まった「白紙革命」などを背景に、国内では強権統治をより強化する考えとみられる。また、国外に対しては、日米欧など西側諸国と異なる独自の発展モデルである「中国式現代化」を推進し、国際社会に向かってその価値観を更に押し出し西側への挑戦を明確にすることで対立激化の途を選んだ。

特に、尖閣諸島を焦点とする南西諸島地域を含む台湾問題については、「祖国の完全統一は必ず実現できる」とし、「決して武力行使の放棄を約束しない」と強調して台湾統一に確固たる決意を示した。

さらに、同大会では、党の憲法にあたる党規約を改正し、新たに「台湾独立に断固として反対し、抑え込む」という文言が盛り込まれ、「祖国統一の大業を完成する」という目標が示された。

中国共産党は、民主主義国の政党とは全く異質で、立法機関の全国人民代表大会（国会）や政府機関の国務院、日本の最高裁判所に相当する最高人民法院の三権より上位に位置付けられる絶対権力機関であるが故に、この改正は重大な影響を及ぼす可能性があり、極めて深刻な懸念材料である。また、習総書記は、4期目に入ると見られる2027年の「人民解放軍創設100年の奮闘目標」の達成時期を前倒しすることに意欲を示している。

そのような動きも踏まえ、2023年1月、台湾の呉釗燮外交部長（外相）は、2027年に中国が台湾侵攻に踏み切る可能性が大きいとの見方を示した。また、米中央情報局（CIA）のバーンズ長官も2023年2月、習主席（総書記）が「2027年までに台湾侵攻を成功させるための準備を行うよう軍に指示していることを把握している」と述べている。

そのため、個人崇拝の復活や長期政権が取り沙汰される中、習総書記の今後の5年間は、これまでの2期10年間以上に「最も不安定で不確実な時期」になるとの見方が強まっている。

## 2　国際情勢のスパイラル的悪化：「政治・外交の時代」から「軍事の時代」へ

国際社会において、情勢が悪化する流れを歴史的に見ると、「経済の時代」から「政治・外交の時代」へ、そして「政治・外交の時代」から「軍事の時代」へと「情勢悪化のスパイラル・モデル」を辿って行く過程が明らかになる。

平和な時代は、経済さえ上手くいけば、政治・外交や安全保障・防衛の問題も発生せず、経済の相互依存の深化によって発生した課題も巧く解決できるという経済至上（万能）主義が幅を利かせ、ひたすら経済活動に専念できる経済の時代である。しかし、一旦領土・民族問題などで平和が揺らぎ、あるいは貿易摩擦など経済上の問題が大きくなれば政治・外交的解決が求められ、いわゆる政治・外交の時代へと移行する。

政治・外交的解決手段には、対話（話し合い）による説得、相手の主張への妥協、軍事力を背景とした威嚇などがある。それによる解決に成功すれば再び経済の時代へと情勢を引き戻すことができるが、失敗すれば、最後は力による解決、すなわち国家の「最後の砦」としての軍事の時代へ突入する。これが、国家間における「情勢悪化のスパイラル・モデル」の一般的展開である。

冷戦が終結し、世界では征服と勢力拡大の時代は過ぎ去ったとの共感が広がったが、21世紀に入った国際社会は今、普遍的価値に基づく国際秩序の根幹を揺るがす新たな危機の時代を迎えている。特に、中国は、米国に挑戦して世界的な覇権拡大に注力しており、その文脈と独自の主張とが重なり、東シナ海や南シナ海において、尖閣や台湾を焦点とした「力による一方的な現状変更」の試みを続けている。このように、インド太平洋、なかでも日本周辺の東アジアは、民主主義とその対極に位置する専制主義・強権主義との対立の最前線になっている。そして、外交的手段による解決が行き詰まり、その可能性が不透明・不確実性を増す中、軍事の時代へと情勢が急速に傾きつつあるとの懸念が広がっている。

言うなれば、「中国の台頭」に伴う海洋侵出に現れているように、世界の経済発展や安全保障の重心は明らかに欧州からインド太平洋へ移っており、本地域の情勢が険悪化する中で、日台を中心とした東アジアは戦後最大の試練の時を迎えている。

# 第2節　日本の安全保障・防衛体制強化の方向

## 1　直面する「台湾有事は日本有事」の危機への対応

日本は、尖閣・台湾有事に当たっては、基本的にそれを想定して作られた平和安全法制に基づいて行動することになろう。

故安倍晋三元首相が「台湾有事は日本有事」と述べたことには、二つの意味が込められていよう。

一つは、台湾有事と日本有事は同時に起こるということである。

その際日本は、防衛出動を発令して自国防衛を全うすると同時に、重要影響事態（周辺事態）あるいは存立危機事態を認定して、台湾防衛にコミットする米軍の後方支援を行い、同時に、日本と台湾の防衛の連結性を確保するとともに、台湾の支援後拠（後方連絡線の確保）の役割を果たすことになろう。

もう一つは、たとえ中国の軍事侵攻が台湾だけに向けられた台湾単独有事の場合でも、それは日本の重要影響事態あるいは存立危機事態になるということだ。

その際、台湾の日本防衛に対する死活的重要性と日本への波及事態を考慮し、重要影響事態というよりも存立危機事態と認定する可能性の方が高い。

そのため、日本は、南西地域を焦点とした防衛態勢を確立しつつ、集団的自衛権を行使し、可能な範囲で日米台の共同防衛作戦に従事することになろう。

有事には、寸刻の決断の遅れが、ウクライナで見られるような大規模な軍民の損害や領土の喪失・荒廃、重要インフラの破壊などを招き国家を重大な危機に陥れかねない。特に、中国の場合は、米軍の来援を阻止し、あるいは遅らせ、その間隙を衝いて"Short Sharp War"を仕掛け、一気に既成事実化を図ろうとすることが深く憂慮されることから、尚更である。

そのため、自衛隊の最高指揮官である内閣総理大臣には、毅然とした態度で、速やかな決断と防衛出動命令の発出が求められる。

すなわち、尖閣諸島を焦点とした南西地域有事はもとより、台湾有事には、米国との緊密な調整の下、速やかに状況を見極めて「重要影響事態」ないしは「存立危機事態」を認定し、躊躇なく「防衛出動」を下令しなければならない。

## 2　日本の安全保障・防衛体制強化の方向

岸田文雄内閣は、令和4（2022）年に国家安全保障戦略（NSS）、防衛計画の大綱（「国家防衛戦略」に変更）及び中期防衛力整備計画（今後10年間を対象とする「防衛力整備計画」に変更）という、戦略3文書の見直し改定を行った。

本項では、その内容に拘わらず、第1章から第3章までの論述を踏まえ、日本の安全保障・防衛体制を強化するために必要な諸施策の方向について概要を述べることとする。

## Ⅰ　中国が最大の脅威対象国であることを明確にすること

日本の安全保障・防衛戦略は、脅威認識から始まる。確かに北朝鮮の核ミサイルの開発や北方領土問題を抱える日本にとって、ロシアのウクライナへの軍事侵攻などから想定される脅威は決して軽視できるものではない。

他方、中国は、尖閣諸島を自国領土と一方的に主張し日本の領土主権を侵害している。同時に、台湾、南シナ海に対する力による現状変更の動きは、関係国の領土主権や海上権益、航行の自由（FON）などを侵害するのみならず、同盟国である米国との力関係を逆転し世界覇権を獲得しようとする帝国主義的野望は、自由、民主主義、人権、法の支配の普遍的価値を共有する現状維持勢力に対する全面的な挑戦である。

つまり、わが国にとっては、中国が安全保障・防衛上の最大の脅威である。そのため、対中抑止・対処が国家安全保障・防衛における最大の課題であることを鮮明にし、国家安全保障戦略を頂点とする日本の安全保障・防衛戦略・施策に明確な指針を付与しなければならない。

そうしなければ、各種戦略・施策に一貫性・統一性を保持すること、また広く国民の理解と協力を得ること、さらには対中抑止・対処に国家の戦略資源を可能な限り集中指向し、各種戦略・施策を総合一体的に推進することも出来ないからである。

## Ⅱ　日米同盟を基軸とした「統合抑止（Integrated Deterrence）」体制を強化すること

経済のグローバル化は、戦争を起こし難くするとの方程式は、中国とロシアによって根底から覆されている。むしろ、中国の「世界の工場」「世界の市場」の武器化、言い換えると「経済力を用いた他者の利用」「経済依存を梃子とした威圧」やロシアの資源エネルギー戦略は、米国と同盟国、そして民主主義諸国全体に対してパワーバランス上の悪影響を及ぼしており、経済のグローバル化を逆手に取り、安全保障問題の解決に逆行した動きを強めている。他方、ウクライナ事態において日米欧の西側諸国は、経済制裁によってロシアの軍事侵攻を制止しようとしているが、これに必ずしも成功しているとは言えない。

また、説得、妥協及び武力での威嚇などを手段とする外交は、ウクライナ侵攻で脆くも崩れ、尖閣や台湾問題でも解決の道筋が見通せず、外交による平和的解決の限界を露呈している。

一方、世界覇権を窺う中国は、過去30年以上にわたり、継続的に高い水準で国防費を増加させ、核・ミサイル戦力や海上・航空戦力を中心に、軍事力の質・量を広範かつ急速に強化している。この核大国・軍事大国である中国の威圧的かつ攻撃的で危険な動きは日本や台湾などが一国で対処できるものではなく、同盟国や友好国などとの協力連携が欠かせない。

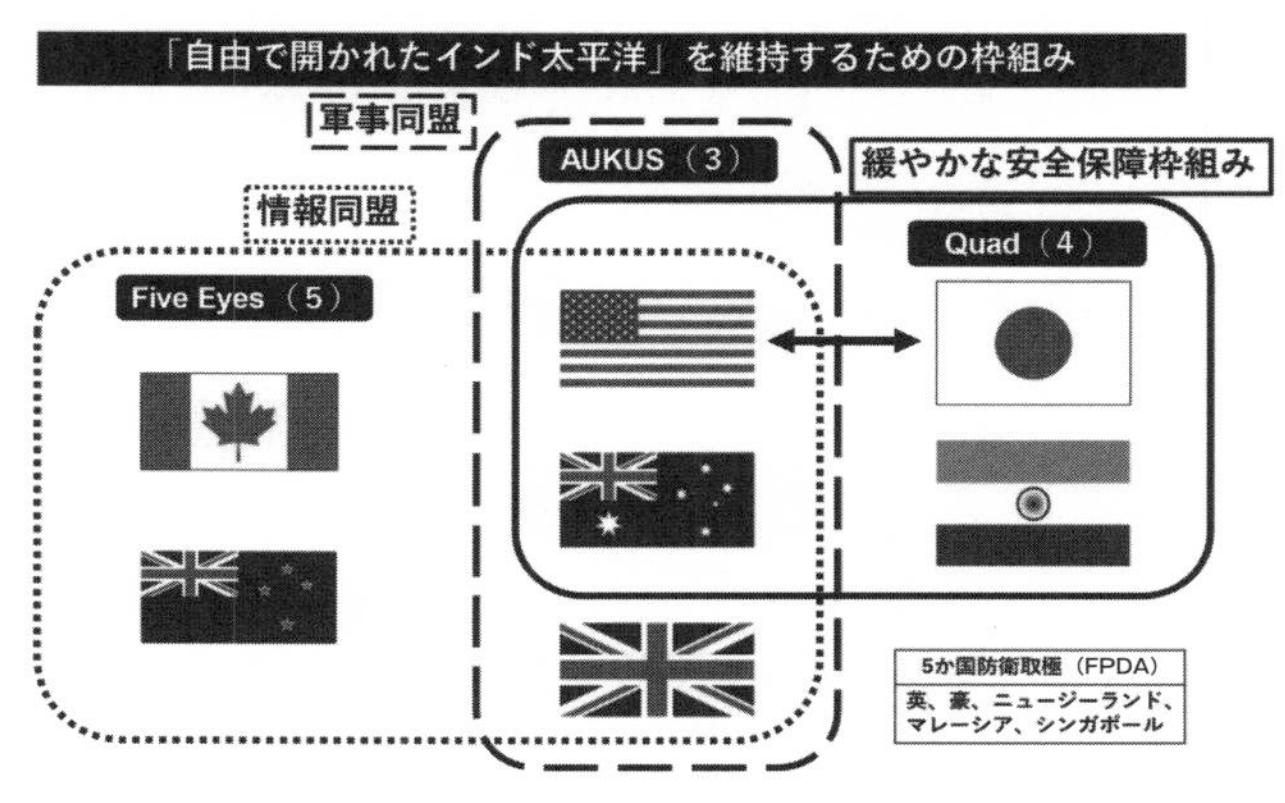


〈出典〉筆者作成

我々は、1938年9月にイギリスのチェンバレン首相など4か国首脳が参加した「ミュンヘン会談」で、ズデーテン地方のナチス・ドイツへの割譲を決定した融和政策が同国の東欧侵略を容認し、第2次世界大戦へ拡大する道を開いたことを忘れてはならない。

つまるところ、中国による現行秩序の破壊、侵略、あるいは膨張を伴う帝国主義政策を阻止するには、少なくとも同盟国や友好国などが力を合わせた「統合抑止」によって対抗するしかない。そして、明確な阻止の壁あるいはラインを示し、「ここまでは良し。これ以上はだめだ」と伝え、その線を越えて進むことは事実上戦争を招くことになるのだと警告し、帝国主義的野望を断念させなければならない。

そのための政治・外交の役割は、「自由で開かれたインド太平洋」という共通ビジョンに根ざし、まず、宇宙・サイバー・電磁波など新たな領域への脅威の多角化や日本の敵基地攻撃能力の保有などの時代の変化を踏まえた、共同抑止・対処体制を拡充強化する「日米同盟の現代化」を進展させなければならない。さらに、それを基軸として日米豪印の「クアッド（Quad）」や米英豪の「オーカス（AUKUS）」などのネットワークに、台湾、フィリピン、ベトナムなどの第1列島線国やフランス、カナダなどを糾合して「統合抑止」体制を強化することである。将来的には、インド太平洋版NATOへの拡大を視野に同盟戦略のさらなる充実を目指すべきであろう。

## Ⅲ　南西地域・台湾有事に備えた「日米台連携メカニズム」を構築すること

「日米防衛協力のための指針（ガイドライン）」において、日米両政府は「平時から緊急事態までのいかなる状況においても日本の平和及び安全を確保するため、また、アジア太平洋地域及びこれを越えた地域が安定し、平和で繁栄したものとなるよう」（傍線筆者）安全保障及び防衛協力を行うとしている。そのうえで、日米両政府は、「自衛隊及び米軍による整合のとれた運用を円滑かつ実効的に行うことを確保するため、引き続き、共同計画を策定し及び更新する」と明記している。

台湾海峡は、いわばインド太平洋の「火薬庫」であり、世界戦争を引き起こしかねない危うさを秘めていると指摘する軍事専門家もいる。

日米両政府にとって最大かつ喫緊の課題は、同時に生起する可能性が高いとみられる南西地域有事と台湾有事に備えることであり、そのためには「日米台連携メカニズム」を構築し、速やかに共同作戦計画の策定に着手しなければならない。

前述の通り、日米台3か国には、多くの時間は残されておらず、現状の「非政府間の実務関係」から大きく踏み出した本格的な安全保障・防衛協力の体制作りが急務であることは論を待たない。日本では、安倍政権によって平和安全法制が整備されて、「重要影響事態」と「存立危機事態」について規定され、その事態が認定されれば、台湾有事をカバーすることができると解釈されている。

しかし、そのような法的裏付けがあっても、日米台3か国による平時からの協議、政策面及び運用面の調整、そして共同演習・訓練などが行われなければ、有事における有効な機能発揮を期待することはできない。

つまるところ、日米安保条約と台湾関係法を連結・一体化して「日米台連携メカニズム」を構築し、日米台3か国間の政治・軍事の協議の場を設け、「日米台防衛協力のための指針（ガイドライン）」を作り、それに基づく共同計画策定メカニズムを構築し、共同演習・訓練が実施できる仕組みが不可欠である。

それを成し遂げるため、いま、わが国は重大な政治決断を迫られているのである。

## Ⅳ　国全体として総合一体的な防衛体制を整備すること

### （1）「全政府対応型アプローチ」の確立と有事を想定した図上・実動演習の実施

中国は、すでに日本に対して「戦争に見えない戦争」を仕掛けている。その戦争は、平時とも有事とも区別がつかないグレーゾーン事態の中で、軍事（陸、空、海、宇宙、サイバー、電磁波）と非軍事（政治・外交、経済・技術、情報・文化思想、法律など）の境界を曖昧にしつつ両領域を組み合わせたハイブリッド戦を展開している。

このような伝統的な安全保障・防衛の枠組みから外れた「新たな戦争」の形に実効性をもって対処するには、軍事を専管する防衛省・自衛隊だけの取り組みでは不可能であり、非軍事の外務省、経済産業省、総務省、文部科学省、国土交通省（海上保安庁）、国家公安委員会（警察庁）などの任務役割を結合し、政府、地方自治体、関係公共機関及び国民が一体となって対応する「全政府対応型アプローチ」を採らなければならない。

そして、紛争の未然防止（抑止）、危機管理、紛争への対処とその終結、そして平和の回復（講和）という安全保障・防衛に課せられた全局面をカバーするために、国家安全保障戦略に基づき、防衛計画の大綱（防衛大綱）に代わる国家防衛戦略、外交・同盟戦略、経済安全保障戦略（技術・資源エネルギーなど）、ナショナル・サイバーセキュリティ戦略、国民保護戦略、情報・心理戦略などを、安全保障の立場から平時、グレーゾーン事態そして有事を包含するような一貫したものとし、体系的に整備する必要がある。

特に、中国は、軍事、経済および情報・文化思想を重要な武器として駆使しており、防衛大綱に代わる国家防衛戦略の整備充実に加え、経済安全保障戦略と情報・心理戦略の新規策定が強く望まれる。

その際、全政府対応型アプローチの実効性については、常に検証しておく必要があり、そのため、全省庁・地方自治体、関係公共機関及び国民の参加の下で、グレーゾーン事態や南西地域事態などを想定した図上・実動演習を少なくとも年1回実施し、政府として有事への備えに万全を期すことが不可欠である。

**（2）経済安全保障**

日本と中国との間には、政治体制や自由、民主主義などの普遍的価値観に関する基本的相違があり、新型コロナウイルス発生時のマスク不足に見られたような、それを浮き彫りにする出来事が相次いで起き、両国間の溝を広げている。

そのため、国民生活及び社会経済活動の維持に必要不可欠な重要物資を安定的に確保するために基幹インフラを守り、経済活動の安全を確保することと、安全保障をめぐる軍事関連技術の流出防止や外国からの干渉を排除することという二つの大きな課題に直面している。

重要物資としては、半導体や電池、鉱物資源、医薬品などがあり、調達先が中国に依存しすぎないようにサプライチェーン（供給網）の脱中国化と次世代半導体の共同研究開発などを通じた多様化・強靭化を確保することが重要である。また、電力や鉄道、金融といった社会経済活動に不可欠な基幹インフラ業種については、サイバー攻撃をされやすい恐れのある機器を導入しない予防措置を講じなければならない。

技術の流出防止をめぐっては、核技術や武器の開発・製造につながる恐れのある特許の出願内容を非公開とし、技術の国外流出を防ぐなどの措置が強く求められる。

こうした経済安全保障をめぐっては、経済の相互依存関係が深化する中、日本独自では実効性を担保できないため、米国やオーストラリア、インドなどの同盟国・友好国を巻き込んで、いわば中国包囲網の形成に向けて協力することが大事である。

### （3）民間防衛体制の整備

2022年2月24日に勃発したロシアのウクライナへの軍事侵攻は、戦争が始まれば国土全体が戦場となり、安全な場所など無いという現実と、民間人を保護し戦争の被害をできる限り軽減することを目的に作られた国際法は安易に破られるという現実を日本人に突きつけた。

ウクライナでは、国内で避難した人が664万人に、国外に逃れた人が1千万人超に上ったという（国連難民高等弁務官事務所（UNHCR）2022年8月2日公表）。

しかし、このような事態が発生した場合、四面環海の日本では、ある程度の船や飛行機が確保できたとしても、陸続きのウクライナのように数百万人単位での避難はほぼ不可能であり、日本国内でのより安全な場所への避難しか有効な選択肢は残されていない。

NPO法人「日本核シェルター協会」が2014年に発表した資料によれば、米国、韓国、スイス3か国の「人口あたりの核シェルターの普及率」は、アメリカが82％、韓国（ソウル市）が30

0％、スイスが100％である。台湾は、前掲資料には掲載されていないが100％である。

このように、各国とも緊急避難場所を確保しているが、日本はわずか0・02％にしか過ぎず、「核の恐怖」が高まりつつある中、国民を守る核シェルターは「皆無」と言っても過言ではない状況である。そのため、まずは、南西地域を優先しつつ全国規模で避難場所（核シェルターが望ましい）を整備し、避難訓練を実施するなど緊急避難体制を確立することが喫緊の課題である。

他方、わが国には、国防の概念がなく、国を挙げた国家防衛の仕組みが整備されていなかった。そのため、主として軍事侵攻に対処する自衛隊の防衛出動のみでは、いわゆる国民保護（民間防衛）の役割を直接的に果たすことは困難であった。

そこで、国民保護法が制定され「武力攻撃から国民の生命、身体及び財産を保護し、並びに武力攻撃の国民生活及び国民経済に及ぼす影響が最小となるようにすること」を目的として国全体として万全の態勢を整備するとされている。その上で、自治体に法定受託事務として国民保護措置の任務を付与している。

しかし、同体制の現状は、自治体の首長に国民保護措置のために必要な手段を与えていないことから、国民保護の実効性に大きな課題を残している。それを解決するには、武力攻撃事態等において、自治体の首長の手足となり、避難の実施や避難所の管理、救助、応急医療等の援助、消火活動などを中心となって行う組織、すなわち民間防衛組織を創出し、実行可能な現実的手段を整備しなければならない。

## V　わが国の安全保障・防衛の基本政策を見直し、現実に即した体制を整備すること

わが国は、現行憲法のもと、「非核3原則」と「専守防衛」を基本としているが、危機の時代を迎え、その見直しは避けて通れない課題である。

### (1)　核抑止体制の強化

ロシアは、ウクライナ戦争において核恫喝を行い、また核使用のリスクを高めた。これによって米国およびNATOは、直接的な軍事介入の選択肢を完全に排除し、供与する兵器の性能にも一定の制限を設けるなど、切実かつ重大な戦略的影響を受けた。

米中間には、中距離核戦力（INF）以下に「米低中高」の「ミサイル・ギャップ」がある。それによる「核の傘」の信ぴょう性の低下を衝いて、中国が核恫喝によって米国の軍事介入を阻止するとともに、日本や台湾を恐れ怯ませつつ、不意急襲的に通常戦力による軍事侵攻を発動する可能性は否定できない。また、中国は、ロシアが苦況打開のために核使用の可能性を仄めかせたことに倣い、戦術核の使用の誘惑に駆られる場合が十分にあり得ることも想定しておかなければならない。

このような核抑止力の低下をめぐる懸念を解消するには、少なくとも非核3原則のうちの「持ち込ませず」を破棄し、日本の核抑止力強化と米国の作戦運用上の要求にともなう核戦力の日本への持ち込みを認めなければならない。同時に、日米両国間の公式な対話メカニズムである「日米拡大抑止（核）協議」の場を活性化し、米国との核兵器の共有体制（ニュークリア・シェアリング）につい

て真剣に検討し、成案を得て積極的に推進すべき時期に来ているのではないだろうか。

また、日本政府は、原子力基本法や核兵器不拡散条約（ＮＰＴ）を理由に、引き続き核兵器を「持たない」政策を国是として堅持する方針である。それを前提とした場合であっても、敵の弾道ミサイル（ＢＭ）用Ｃ４ＩＳＲを無効化できるサイバー戦能力（積極攻勢戦略）や敵のＢＭを発射前に叩く敵基地攻撃能力の保持（残存報復戦略）に加え、敵のＢＭ発射に対抗する統合防空ミサイル防衛（ＩＡＭＤ）システム（積極防勢戦略）や核シェルターの整備による国民保護の強化（消極防勢戦略）などの施策を総合的に推進することが重要である。

### （2）「専守防衛」から「積極防衛」への政策の見直しと敵基地攻撃能力の保持

わが国の「専守防衛」は、相手から武力攻撃を受けたときに初めて防衛力を行使し、その態様も自衛のための必要最小限にとどめ、また保持する防衛力も自衛のための必要最小限度のものに限るなど、憲法の精神にのっとった受動的な防衛戦略の姿勢であり、これが我が国の防衛の基本的な方針である（参議院議員小西洋之君提出安倍内閣における「専守防衛」の定義に関する質問に対する答弁書）。

また、歴代政府の統一見解は、「専守防衛」は軍事用語の「戦略守勢」と同義語のように言われているが、そのような積極的な意味を持つものではないと説明してきた。

しかし、米陸軍の『OFFENSE AND DEFENSE（攻撃と防御）』など、列国の軍事マニュアルには、防御のみによって戦闘の結果を決めることはできないと指摘してあり、攻撃や反撃（逆襲）の必要性を説いている。「戦いは、防御能力ではなく攻撃能力によって勝つことができる」というのが世界の共通した常識でもある。

特に、「相手から武力攻撃を受けたときに初めて防衛力を行使」するのでは、国土・国民の戦火による犠牲を自ら是認し、国民の生命と財産を危険にさらすようなもので、時期的に遅すぎるこの対処方針を認める訳にはいかない。真に防衛の目的を達成するには、中国軍の行動をその準備段階から阻止妨害する必要があるからだ。

そのためには、わが国にとって死活的な脅威となる弾道・巡航ミサイルなどの長距離火力、海洋侵出を主導し基幹部隊となる海軍艦艇、兵站施設や軍事基地などの継戦能力、そして侵攻作戦を指揮統制するためのＣ４ＩＳＲなど、中国軍の作戦・戦力の重心を、マルチドメインの各種手段を駆使して攻撃・無効化することが重要である。

中でも、ハリス前米インド太平洋軍司令官が「船（艦艇）を沈めよ！」と強調したように、中国海軍が二度と立ち上がれないように、その艦艇を基地や周辺海域で徹底的に撃沈し、できる限り早期かつ遠方で中国軍の侵攻を阻止・排除することを防衛力整備の最大目標とすべきである。

これは、国際法が禁ずる「先制攻撃」には該当しない世界の軍事常識であり、これを無視し、これから大幅に逸脱した非現実的な専守防衛政策では日本の防衛が成り立たず、そのような愚かな政策は直ちに改めなければならない。

日米ガイドライン（平成27年4月27日）によると、日本に対する武力攻撃が発生した場合、自衛隊は、防勢作戦を主体的に実施し、米軍は、日本を防衛するため、自衛隊を支援し及び補完する、と定められている（以上、傍線は筆者）。

この表現では明示されていないが、防勢作戦を主体的に実施する自衛隊に対比し、それを支援し補完する米軍の役割には、打撃力を伴う攻勢作戦が言外に込められていると解釈することが出来よう。しかし、それは飽くまでも支援・補完する立場に止まっており、実施の可否は米国・米軍の状況判断に委ねられていると考えるべきである。

2021年8月の米軍のアフガニスタンからの撤退は、米国の軍事的コミットメントの強さや信頼性に対して国際社会の疑念が深まったことは否定できない。

首都カブール陥落後、台湾では「米国は有事の際に台湾防衛に動くのか」との警戒感を引き起こしたように、インド太平洋地域の当事国の間では期待外れの感は否めず、落胆・不安は解消されていない。台湾に対する「曖昧戦略」の見直しの必要性も指摘されているが、具体的な動きは見られない。

これらを踏まえれば、米軍の自衛隊を支援し補完する作戦、すなわち打撃力を伴う攻勢作戦の実施は、当該時の米軍の状況判断次第と考えられる現状において、わが国の防衛を全うするには、独自の攻撃力を保持しておくことが必要不可欠である。

なお、米軍は、作戦に直接影響を受ける軍事目標への攻撃は別として、中国の核反撃を誘発する可能性があるような縦深にわたる戦略的敵地攻撃には極めて慎重である。そのため、日米共同作戦における敵基地攻撃は、その実施の可否や情報の共有、役割分担などについて米軍の作戦運用と緊密に連携する必要があり、日米共同作戦調整所における二国間調整に委ねられることになろう。

以上のような要件を包含するのは、必要によって敵基地や策源地を攻撃することも含めた戦略守勢の概念である。それを新防衛政策として打ち出すに際し、筆者が所属する日本安全保障戦略研究所（ＳＳＲＩ）は、専守防衛に代えて「積極防衛（Active Defense）」いう用語の採用を提案している。

中国の軍事侵攻が現実に差し迫っている危機に臨んでは、世界の軍事常識から大きくかけ離れた専守防衛政策から脱却し、わが国の防衛に積極的・現実的で実効性のある「積極防衛（Active Defense）」へと政策を転換し、それを可能とする敵基地攻撃能力を持たなければならない。

具体的には、12式地対艦誘導弾の射程延伸（１０００キロメートル超）と陸・海（含む潜水艦発射型）・空自用の開発、米国製の巡航ミサイル「トマホーク」（射程千数百km）の導入、高速滑空弾／極超音速弾道ミサイルの開発、ＩＳＲ及び攻撃用無人機の開発など、スタンドオフ防衛能力の整備が挙げられる。

## Ⅵ　南西地域を固守し第1列島線上に中国軍侵出阻止のバリアーを構築すること

中国の軍事的脅威に晒されている尖閣諸島を焦点とする南西地域の防衛は、わが国の主権と独立を維持し領域を保全する上で、最優先の課題である。同時に、本地域の防衛は、台湾などの第１列島線諸国の防衛と相俟って、中国の「接近阻止・領域拒否（Ａ２／ＡＤ）」戦略に基づく海洋侵出を阻止する民主主義陣営の最前線でもあり、今後のインド太平洋だけでなくひいては世界の平和と安全に重大な影響を及ぼすことから、米国などと協力して断固守り抜かなければならない。

そのためには、南西地域の島嶼群に地域守備部隊を置くことを基盤に、対空・対艦ミサイル及び電子戦部隊を中心とした部隊を配備して領域を確実に防衛し、それを台湾、フィリピンなどと連接して第1列島線上に中国の海洋進出を阻止するバリアーを構築することが肝要である。

この態勢こそが、米国のインド太平洋戦略とも合致した対中防衛作戦の重心(Center of Gravity)的役割を果たすものであり、ここに最大限の防衛努力を傾注しなければならない。

## Ⅶ　ゲームチェンジャーになり得る水中戦能力を強化すること――決め手は原子力潜水艦の保有

中国そして日米台とも、地上・艦艇・航空機をプラットホームとする対艦ミサイルを多数装備していることから、その能力が向上し双方が激しく射ち合うことによって水上艦艇が自由に行動できる場所がなくなりつつある。

言い換えると、彼我による「接近阻止・領域拒否(A2/AD)」地帯が東シナ海、台湾海峡そして南シナ海から西太平洋にまで広がり、アクセス不可能な海域が増え、双方にとってその地帯では深刻な損害を覚悟しなければならなくなるため、有事には海洋の大部分が事実上通行不能な危険地帯になると言うことだ。

このような海戦条件下で真価を発揮できるのは、潜水艦や機雷、無人潜水艇(UUV)などの水中戦能力であり、水上では小型高速（ミサイル）艇や無人艦艇（ＵＳＶ）である。特に、今後の海上優勢の行方を左右する最大の要因は、潜水艦に代表される水中戦能力であると言っても過言ではない。

一般的に、原子力潜水艦は、長時間の高速航行と半永久的な潜航が可能であり、通常動力型潜水艦に比べ、活動範囲の制約が極めて少ない。通常動力型より静粛性がやや低いとの難点が指摘されているが、全体として隠密性に優れており、その能力は通常動力型に大きく勝っている。

北朝鮮は核弾道弾装備の戦略潜水艦を開発中であり、また、中国の核ミサイル搭載の原子力潜水艦（ＳＳＢＮ）の高度の脅威に対しわが国の通常動力型潜水艦での対処には自ずから限界が生じよう。

日本政府は、従来から、「自衛のための必要最小限度を超えない実力を保持することは憲法第9条第2項によっても禁止されておらず、したがって右の限界の範囲内にとどまるものである限り、核兵器であると通常兵器であるとを問わず、これを保有することは同条の禁ずるところではない」との解釈をとっている。

他方、豪州は、中国の海洋侵出を睨んで、ＡＵＫＵＳを締結し、国際原子力機関（ＩＡＥＡ）の非核義務履行の精神と抵触しないとの宣言の下で、米英からの技術供与を受けて、原子力潜水艦の開発を進めている。

わが国も、米軍と連携して南西地域・台湾有事を抑止するには強力な水中戦能力が必要不可欠であり、また、尖閣諸島など離島へ侵攻する中国軍の後方連絡線を確実に遮断するには原子力潜水艦が極めて有効であることから、同潜水艦の保有促進について真剣に検討すべきである。併せて、自律型水中機雷探知機や小型無人水中艇の整備も必要である。

## Ⅷ　中国の軍事的冒険を確実に抑止・対処できる防衛力を早急に整備すること――「クロスドメイン作戦」実現のための新装備と自衛隊の組織規模の飛躍的拡充

### （1）「クロスドメイン作戦」の具現化

わが国は、中国の「情報化戦争」「智能化（インテリジェント化）戦争」に対する実効的な抑止や対処を可能とするため、「30防衛大綱」において「多次元統合防衛力」構想の下、領域横断（クロスドメイン）作戦（ＣＤＯ）を採用した。

ＣＤＯは、従来の陸・海・空に加え、宇宙・サイバー・電磁波を含む全ての領域における能力を有機的に融合し、その相乗効果により全体としての能力を増幅させようとするものである。宇宙・サイバー・電磁波といった新たな領域における能力は、従来の陸・海・空の能力を基盤とし、軍全体の作戦遂行能力を著しく向上させるものであることから、日本をはじめ、同盟国の米国（マルチドメイン作戦、ＭＤＯ）など各国が注力している分野である。

現代戦の特徴は、従来、主として陸上、海上、航空が軍事力の活動領域であったものが、宇宙空間での活動が飛躍的に拡大し、さらにサイバー空間や電磁波空間といった新たな活動領域が加わり、軍事活動の領域・空間が三つから六つへと一挙に倍増し、多領域・多空間に拡大したことである。その際、従来の3領域は、相手（敵）の能力向上に合わせて更にその能力を改善・強化する必要がある。同時に、新たな3領域は、従来の3領域をスクラップ・アンド・ビルドする小手先の取り組みで整備できるものではなく、必要な組織や装備などの能力を新たに構築するため、増員・増設しなければならない分野である。

**ア　宇宙領域**

宇宙領域については、宇宙領域の専門部隊を創設するとともに、平時から有事までのあらゆる段階において、宇宙空間の状況を常時継続的に監視する体制（ＳＳＡ）の構築、そして宇宙領域を活用した情報収集・通信・測位などの能力の取得強化を通じて、宇宙利用の優位を確保することが必要である。その際、国内の関係機関や米軍などとの協力連携のシステム構築や宇宙領域の専門要員の教育による人材育成なども必要である。

防衛省・航空自衛隊は２０２３年3月、宇宙状況を監視する「第1宇宙作戦隊」と日本の人工衛星への妨害行為を監視する「第2宇宙作戦隊」から編成される「宇宙作戦群」を創設する予定である。

その任務遂行に当たっては、ミサイル防衛（極超音速滑空兵器（ＨＧＶ）の探知・追尾など）のための「衛星コンステレーション」の打ち上げが欠かせない。なお、衛星コンステレーションには、敵基地攻撃のための目標情報収集に加え、衛星攻撃衛星（キラー衛星）の活動を妨害する電波妨害装置などの機能を付加することも忘れてはならない。

同時に、監視（探知）衛星（2基態勢）を整備し、常時継続的な監視能力を保持することも重要である。

**イ　サイバー領域**

サイバー領域については、陸海空共同の自衛隊サイバー防衛隊が2022年3月に創設され、自衛隊の指揮通信ネットワークへのサイバー攻撃を未然に防止するための常時継続的な監視能力や、攻撃を受けた際の被害の極限、被害復旧などの必要な措置を迅速に行う能力を強化している。

有事には、わが国への攻撃に際して用いられる相手方によるサイバー空間の利用を妨げるなど、防御的手法だけではなく攻撃的手法も不可欠であり、「アクティブ・サイバーディフェンス（積極的サイバー防衛）」体制を整備しなければならない。

その際、サイバー防衛の体制整備に当たっては、ナショナル・サイバーセキュリティに関する政府全体の取り組みに寄与するシステム構築とサイバー防衛の専門的知識・技能を持つ人材育成と大幅増強が必要である。

中国軍のサイバー部隊は約10万人規模とも言われるように、サイバー戦はもともと人員・知識技能集約型の構造であり、そのため、現行の890人体制を5千人から1万人規模に飛躍的な拡大を図らなければ十分に役割を果たせない。また、防衛省内に政策立案を担う「サイバー企画課」を新設するとともに、陸上自衛隊高等工科学校の教育コースの増大や陸自通信学校を「陸自システム通信・サイバー学校」に改編することなどにより、サイバー戦に必要な部局の創設や陸海空要員の養成を急がなければならない。

**ウ　電磁波領域**

電磁波領域については、各自衛隊の装備等の特性により、基本的に陸・海・空自衛隊毎に新たな組織・装備を整備する必要があるが、まず、平時から、わが国に対する侵攻を企図する相手方のレーダーや通信など、電磁波に関する情報収集・分析能力を強化することが必要である。同時に、自衛隊の情報通信能力を強化し、陸・海・空自衛隊及び米軍との情報共有体制を構築し、相手からの電磁波領域における妨害などに対して、その効果を局限するとともに、相手方のレーダーや通信などを無力化する能力が必要となる。また、このような電磁波領域における各種活動を円滑に行うため、電磁波の利用を適切に管理・調整する組織が必要になる。

そのため、陸自は新たな「電子作戦隊」を発足させた。さらに、陸上総隊の傘下に「ネットワーク電子戦システム」の運用体制を整備するとともに、陸海空の各プラットホームの電子戦能力を強化しなければならない。

以上、新たな3領域における作戦能力を取得・強化するために必要な組織・能力について概要を説明した。

米国が、宇宙コマンドとサイバー軍を新たに創設し、各軍種の電子戦（電磁波戦）能力の改善強化に注力しているように、今般のＣＤＯ（ＭＤＯ）といった作戦戦略上の新たな動きは、世界の軍事フィールドにおける歴史的変革の幕開けを告げるものである。

この変革に乗り遅れることは、権力闘争を常態とする国際社会において埋没を意味すると言っても過言ではなく、政治的リアリズムの中で国家の存立と安全を確保するには、政治家そして国民の意識改革と大規模な投資が不可欠である。

### エ　従来の3領域の改善強化

近年の軍事技術の進展は目覚ましく、列国はそれを応用した既得兵器や装備品の改善・改良による能力向上や量的拡充に努めており、中国も同様である。

そのような動きに対応するため、新たな3領域に加え、従来の3領域に分類される機動展開能力、島嶼等守備能力、領空・領海防衛能力、スタンドオフ防衛能力、統合ミサイル防衛（ＩＡＭＤ）能力、無人装備防衛能力などの新規取得と高性能化による改善及び数量的強化が必要である。

中でも、無人装備防衛システムは、ウクライナ戦争でも数多く用いられ、情報・警戒監視・偵察（ＩＳＲ）や敵部隊・施設の攻撃などの作戦遂行に大きな役割を果たし、ゲームチェンジャーと呼ばれるに相応しい目覚ましい働きをしている。

同システムは、ＡＩ技術などの技術革新の成果を活用すれば、有人装備と比較して構造が簡単で製造コストが低く、小型・軽量で操作性に優れ、危険な地域へも侵入して人的損害を極力抑制し、省力化の推進にも寄与する。まさに同システムは、時代の要請に応える新たな革新分野であり、ＩＳＲシステムや無人陸上車両（ＵＧＶ）、無人航空機（ＵＡＶ）、水上無人艦艇（ＵＳＶ）・水中無人艦艇（ＵＵＶ）など陸海空の広範な分野への積極的な応用が強く求められる。

特に、ウクライナ軍が行っている「戦力のデジタル化」、すなわち、軍隊（自衛隊）と民間ハイテク企業が一体となって新たな民生技術やノウハウを素早く吸収し、通信衛星やソフトウェア経由で兵士（隊員）とドローンや装備品をつなぐ新たな軍事技術・システムを生み出す「イノベーション拠点」を極力戦場近くに多数構築することが、今後、戦況を有利に導く大きな要因の一つになるのは間違いない。

そして、従来の3領域と新たな3領域を併せた6領域を一体化したＣＤＯ能力の構築・強化が、これからの防衛力整備における中心的課題になると言えよう。

『防衛白書』（令和4年版）によると、クアッド（Quad）の２０２1年度国防費（防衛費）の対ＤＧＰ比は、日本：0・95％、米国：3・12％、オーストラリア：2・05％、インド：2・88％（２０２0年度）である。オーカス（ＡＵＫＵＳ）のイギリスは1・99％（ＮＡＴＯ公表値では2・25）で、ＮＡＴＯは国防費を2％以上に増やすことを共通目標としている。

これを見れば、わが国の防衛努力が、同盟国や友好国と比較して極度に不足している実態が明らかである。

日本は、中国の脅威に直接曝されており、これへの対処・抑止体制の強化に注力しなければならない。また、日本は、中国を睨んだクアッドなどの多国間安全保障ネットワークの中で、とりわけ地域中心的なリーダーシップの発揮が期待されている。

中国の帝国主義的野望を阻止するにあたり、CDOの実効性を担保して中国に対抗できる防衛力を整備することは不可欠の要件であり、そのため、少なくとも防衛費を倍増してNATO並みの予算を確保し、自衛隊の新たな装備と組織規模の飛躍的拡充を図ることが喫緊の課題である。

それによって、祖国防衛の断固たる決意を示し、それを国民に促すことが、同時に相手国に対して侵攻を躊躇させる抑止に繋がるのである。

### (2) 自衛隊の統合戦力発揮のための統合司令官の設置

領域横断作戦と日米共同作戦へ適切に対応するため、統合運用を一元的に担う統合司令官の下に常設の「統合司令部」を新設することが重要である。

## Ⅸ 抗堪性と継戦能力を確保すること

以上述べてきた国土防衛戦を遂行するに当たっては、ウクライナ戦争が示すように、それらの諸作戦能力を支え、発揮させるための防衛装備の残存性の強化や重要インフラの防護、弾薬・ミサイル・燃料などの確保、陸・海・空輸送路の確保、重要インフラの防護、そして実効性ある国民保護施策など、敵の猛攻に耐えうる抗堪性（こうたんせい）と長期戦を想定した継戦能力を確保することも重要な課題である。

　抗堪性については、「射撃即移動（ヒット・アンド・アウェイ）」装備システムの開発が重要である。米国がウクライナへ供与した高機動ロケット砲システムＨＩＭＡＲＳが高い評価を獲得したように、掩体（えんたい）や掩蓋（えんがい）構築物などの固い殻に隠れるよりも逃げ足の速さが残存性を高める。他方、固定した防衛施設・インフラについては地下化を図るべきである。

　継戦能力については、何よりも戦力発揮に必須の弾薬・ミサイル、燃料、整備用部品等の確保・備蓄が最優先事項である。また、自衛隊部隊や装備を最前線に迅速に輸送するため、３自衛隊の輸送能力を強化するとともに、優先使用契約を結ぶ民間船舶の数を増強することも必要である。

　その際、南西諸島の港湾・飛行場の整備拡充並びに仮設の桟橋や埠頭の設置についても併せて施策しなければならない。さらに、長期戦に備えるには、平時から国家主導で防衛生産・技術基盤を維持強化するとともに、装備品などの生産ラインを確保しつつ有事緊急増産体制に移行出来るように防衛産業の維持育成を併せて施策することが不可欠である。

# おわりに

この度は、図らずも中国とロシアという二つの大国を対比しつつ改めて考える機会となった。執筆中に思い出したのが、学生時代に愛読した梅棹忠夫著『文明の生態史観』(中央公論社、1967年)であった。

梅棹氏は、すでに鬼籍に入っているが、元京都大学教授で、日本の代表的な民族学者・比較文明学者であり、文化人類学のパイオニアであった。当該著書は、古典的名著として今日においても多方面に大きな影響を与えている。

同氏は、従来の東洋と西洋という見方に対し、文明の生態史観の立場から新しい比較文明論の世界モデルを提示した。

ユーラシア大陸の旧世界を横長の長円にたとえ、その東の端と西の端を「第1地域」とし、あとのすべての部分を「第2地域」に区分した。すなわち、日本と西ヨーロッパを「第1地域」に挙げ、それ以外の中国文明圏(I)、インド文明圏(II)、ロシア文明圏(III)、地中海・イスラム文明圏

梅棹忠夫著『文明の生態史観』の世界モデル

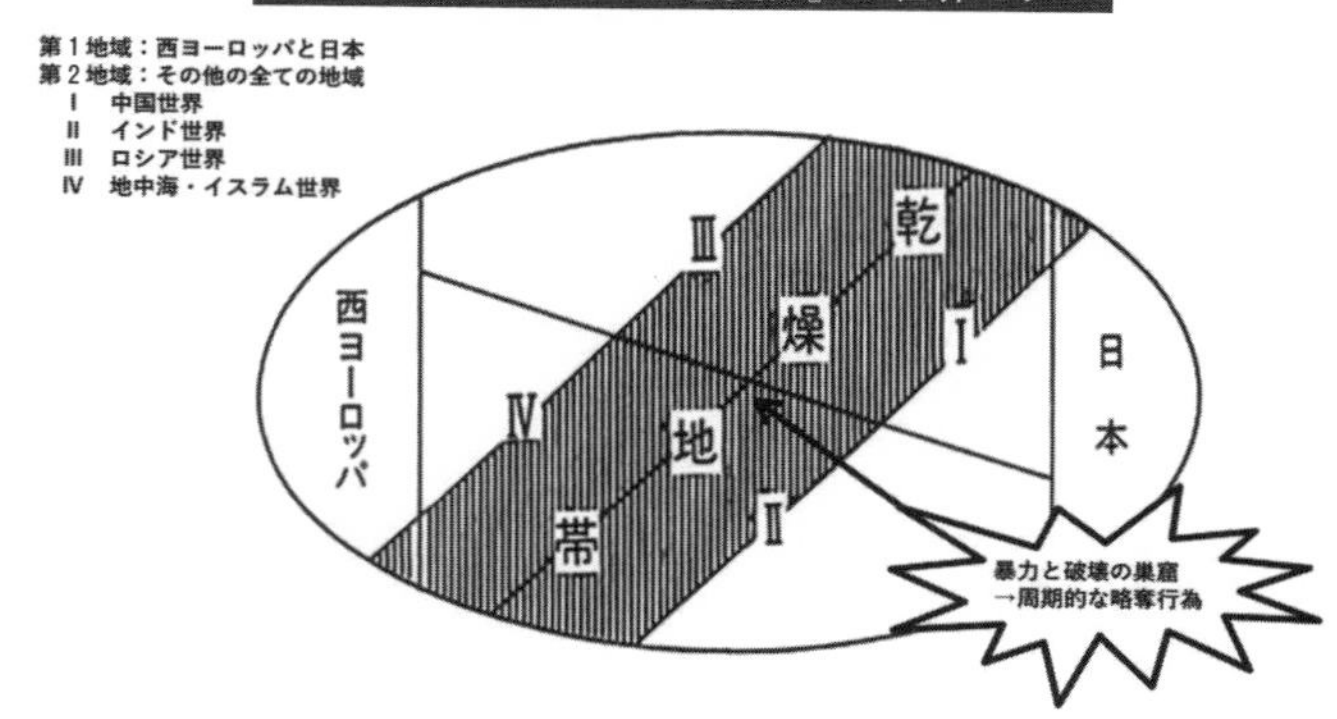


〈出典〉梅棹忠夫著『文明の生態史観』（中公文庫）を筆者一部補正

（Ⅳ）などを「第2地域」とよんだ。（上図参照）

なお、同氏は、自著で「イスラーム」と表記しているが、本書では慣用表記の「イスラム」に置き換えることにする。

ユーラシア大陸は、東北部から南西部にかけて草原（ステップ）と砂漠の乾燥地帯が広がっている。そこから生じた遊牧民は〈暴力と破壊〉の限りを尽くし、周辺地域で周期的に略奪行為を繰り返した。

その〈暴力と破壊〉から逃れた「第1地域」は、比較的安定した社会秩序が保たれ、政治体制として封建制を持ったことによって、ブルジョワジーが形成され、その中で政権運営がなされ資本主義が結実した地域であり、高度の文明圏になった。日本と西ヨーロッパのたどった歴史の形は、非常によく似ており、両者の歴史の中にはたくさんの平行現象を認めることができる。そして、日本は、地理的には「極東」に位置しているが、生態史観的には「極西」である、と見ている。

他方、遊牧民は、「第2地域」において〈破壊と征服の歴史〉を繰り返し、いずれも安定的な封建制を持ったことがないという共通項がある。その結果として、専制君主（絶対王政）による支配が続いてブルジョワジーを生み出せず、そのため資本主義が育たず、成熟した文明圏として発展することが出来なかったという。そして「第2地域」は、巨大な帝国である中国世界、インド世界、ロシア世界、地中海・イスラム世界とその衛星国（植民地）という形式を持った点が特徴である、と分析している。

それぞれの民族が固有の風土の中で社会経済活動を営み、周辺との摩擦や影響を受けながら長い年月をかけて培った人格や歴史・文化は、そこに住む人間や社会の生態のコアとなって安易な変容を拒むものであろう。今日においても、歴代皇帝が専制支配を行った中国は、共産党一党独裁の強権支配の国家であり続け、自由、民主主義、人権、法の支配に背を向けている。同じくツァーリ（皇帝）支配のロシアは、ソ連の崩壊後一旦は民主化に傾いたが、強権支配体制に後戻りしている。プーチン政権になってその傾向は一層顕著となり、自らの生活に直接影響が及ばない限り国民もそれを甘んじて受け入れているといわれる。

部族中心の地中海・イスラム世界は、国家の体をなさない、いわゆる破綻国家が多い。それもあって、本地域は「世界の火薬庫」として紛争の収まる気配はなく、テロリズムの世界への拡散基地と化し、原理主義の「イスラム国」は〈暴力と破壊〉を繰り返している。

この中で、唯一の例外はインド世界である。インドは、１８５８年から１９４７年までの約1世紀に及ぶイギリスの植民地支配を受けたが、粘り強い反英・民族独立運動を展開し、世界最大の民主主義国家となって「第2地域」からの脱出に成功した。インド国民には、日本が民族独立運動を側面から支援した歴史の記憶も残されている。

しかし、「第2地域」のインド以外の世界は、冷戦終結から30年余り経った今日、依然として略奪的かつ破壊的な性向を保持したまま、再び激動期の主役となって世界を揺るがしている。そして、将来、これら「第2地域」の国家群は、「第1地域」の日本や欧米が望むように民主化し「脱近代化」へ向かうとの楽観的な見通しを立てることを頑なに拒んでいるように見える。世界には、日欧米の先進国と、明らかに異質の文明、異質の主義主張、異質の国家体制が存在し、同じ物差しで測るのは危険極まりないという現実を示しているようにも見える。『文明の生態史観』は、それを示唆しているのであろう。

このような長い文明の歴史を背景に考えると、今後引き続きわが国の安全保障・防衛に対し直接的な脅威を及ぼす可能性があるのは、国境を接し、中華思想を背景にグローバルな覇権拡大を急ぐ中国と新ユーラシア主義に基づいて西欧のみならず東方への関心も強めているロシアであり、二つの大国の今後の動向であることは疑う余地がない。この二つの国には、「第2地域」の東端に位置し、金一族による専制支配体制の維持を最優先して核開発を強行している北朝鮮が加わるかもしれない。

わが国は、過去に日清戦争（1894～95年）と日露戦争（1904～05年）を戦っている。以来、両国との地政戦略的環境が変わったのかと振り返ってみても、基本的な所で改善・好転に向けた大きな変化は起きていないと言わざるを得ない。まして、中国とロシアを通常の安全保障を求める普通の国家として本質を見誤ることは、自ら国難を招来するようなものであり、この力の信奉者、すなわち武力と強権を振りかざし、領土拡大の野望を露わにする隣人に対し決して警戒の手を緩める訳には行かないのである。

両国との関係は、時代の流れの中で、良し悪しや遠いか近いかなどに程度の差がある。しかし、本執筆を通じ、21世紀のわが国にとって、また台湾などの第1列島線国にとっても最大の課題は、中国の覇権拡大の現実化する脅威に備えることに他ならず、対中戦略にわが国の主努力を集中する時である、との思いを改めて強くした所である。

『孫子』の、「敵を知り己を知らば、百戦して殆(あや)うからず」というフレーズは、よく知られた重要な戦略原則である。

戦争においては、敵の実情（実体・実力）を知って自分の実情も知っていれば、百度戦っても危険な状態にはならない。敵の実情を知らずに自分の実情だけを知っていれば、勝ったり負けたりする。敵の実情も自分の実情も知らなければ、戦うたびに必ず危険に陥るとの教えである。

昨年（2022年）12月に改訂された国家安全保障戦略（NSS）では、中国について「現在の中国の対外的な姿勢や軍事動向等は、我が国と国際社会の深刻な懸念事項であり、わが国の平和と安全及び国際社会の平和と安定を確保し、法の支配に基づく国際秩序を強化する上で、これまでにない最大の戦略的な挑戦」（傍線は筆者）であると明記している。

つまり、中国は、日本にとって最大の脅威対象国であるとの認識が示されているのであり、中国に対する抑止・対処体制の確立こそがわが国の安全保障・防衛の最大の課題であることに疑いの余地はない。そのためには、中国軍の実情を正確に把握することがこの上なく重要であるが、その実情を探り当てることは、極めて至難の業でもある。特に中国は、これまで述べてきたように徹底した秘密主義と権謀術数の思想で貫かれており、そのため、『防衛白書』（令和4〈2022〉年版）は以下の通り指摘し、国防政策や軍事に関する透明性の向上を強く求めている。

・中国は、従来から、軍事力強化の具体的な将来像を明確にしておらず、軍事や安全保障に関する意思決定プロセスの透明性も十分確保されていない。
・中国軍の活動について、当局が事実と異なる説明を行う事例や事実を認めない事例も確認されており、中国の軍事に関する意思決定や行動に懸念を生じさせている。
・中国が国防費として公表している額は、実際に軍事目的に支出している額の一部にすぎないとみられる。例えば、外国からの装備購入費や研究開発費などは公表国防費に含まれていないとみられ、米国防省の分析によれば、2021年の中国の実際の国防支出は公表国防予算よりも1・1~2倍多いとされる。
・国防費の内訳については、過去の国防白書において2007年度、2009年度及び201

0～17年度の公表国防費に限り、人員生活費、訓練維持費及び装備費それぞれの内訳（2007年度及び2009年度の国防費については、さらに現役部隊、予備役部隊及び民兵別）が明らかにされたものの、それ以上の詳細は明らかにされていない。

以上の指摘は、中国軍の実情を解明することが如何に難しいことかを認識する材料にもなっているが、それは百も承知の上で、中国軍の真の実体・実力に少しでも迫ろうと試みたのが本書である。その意味で、この論考が、中国を知り考える読者の一助となり、わが国の安全保障・防衛の強化に些かなりとも資するとすれば、本書を世に問う意義があったと考える。

# 主要参考文献

## はじめに

・リチャード・マグレガー著『中国共産党―支配者たちの秘密の世界』（草思社、２０１１年）
・浅野裕一著『孫子』（講談社学術文庫、１９９７年）
・令和４年版『防衛白書』（防衛省）

## 第1章

・樋口譲次編著『ウクライナな戦争徹底分析―ロシア軍はなぜこんなに弱いのか』（扶桑社、２０２２年）
・在ウクライナ日本国大使館「ウクライナ概観（２０１１年10月現在）」
https://www.ua.emb-japan.go.jp/jpn/info_ua/overview/6defence.html（as of March 21, 2022）
・在ウクライナ日本国大使館「ウクライナ概観」（２０１３年8月）
https://www.ua.emb-japan.go.jp/jpn/sidebar/gaikan.pdf（as of March 21, 2022）
・在ウクライナ日本国大使館「ウクライナ概観」（２０２１年10月）
https://www.ua.emb-japan.go.jp/itprtop_ja/index.html（as of April 6, 2022）
・外務省ＨＰ「軍縮・不拡散」「米露間の戦略核兵器削減条約（ＳＴＡＲＴ）」（平成18年5月1日）

・元国連事務次長・赤阪清隆「ロシアによるウクライナ侵略と国連」（一般社団法人霞関会、公開日：２０２２年３月８日）

・前駐ウクライナ大使・倉井高志「独立30周年を迎えた「ひまわり」の国・ウクライナ」（一般社団法人霞関会［帰国大使は語る］、公開日：２０２１年12月21日）

・令和３年版『防衛白書』第１部第２章第５節「ロシア」

・Daniel Michaels「ウクライナ軍善戦、背景に長年のＮＡＴＯ訓練　ソ連型の硬直した指揮系統を欧米型にシフト」（THE WALL STREET JOURNAL、２０２２年４月14日）

・Ｌ・デビッド・マルケル著『米海軍で屈指の潜水艦館長による「最強組織」の作り方』（東洋経済新報社、２０１４年）

・小泉悠「『大国間競争時代のロシア』研究プロジェクト報告書、第10章「ウクライナの軍事力―旧ソ連第２位の軍事力の現状、課題、展望」（日本国際問題研究所、令和３年３月）
https://www.jiia.or.jp/pdf/research/R03_Russia/10-koizumi.pdf（as of March 30, 2022）

・末澤恵美「ウクライナの核廃絶」
https://src-h.slav.hokudai.ac.jp/publictn/68/68-1-emb.pdf（as of March 21, 2022）

・Evan Gershkovich, Thomas Grove, Drew Hinshaw and Joe Parkinson「孤立し不信抱くプーチン氏、頼るは強硬派顧問」（THE WALL STREET JOURNAL, 2022.12.26）
https://jp.wsj.com/articles/putin-isolated-and-distrustful-leans-on-handful-of-hard-line-advisers-11672028897（as of December 26, 2022）

・岡野直「ウクライナ侵攻のロシア軍に未熟な徴兵者、母親ら批判　プーチン政権、火消しに躍起」（The Asahi Simbun, The GLOBE＋, 2022.03.15）

・Dr. Lester W. Grau & Charles K. Bartles, "The Russian Way of War", Foreign Military Studies Office, Fort Leavenworth, KS, 2016 https://www.armyupress.army.mil/portals/7/hot%20spots/documents/russia/2017-07-the-russian-way-of-war-grau-bartles.pdf（as of March 21, 2022）

・Analysis by Maeve Reston, CNN, Biden and US allies face new dilemma on Ukraine aid, April 18, 2022, US and NATO face new dilemma on Ukraine aid - CNNPolitics, as of May 9, 2022

・イーゴリ・ロジン「なぜロシアは徴兵制を止めないか」『RUSSIA BETIND』２０２０年11月19日、なぜロシアは徴兵制をやめないか―ロシア・ビヨンド（rbth.com）、２０２２年5月10日アクセス。

・外務省ＨＰ「軍縮・不拡散」「米露間の戦略核兵器削減条約（ＳＴＡＲＴ）」（平成18年5月1日）

・令和3年版『防衛白書』第1部第2章第5節「ロシア」

・Ｌ・デビッド・マルケル著『米海軍で屈指の潜水艦館長による「最強組織」の作り方』（東洋経済新報社、２０１４年）

・Lingling Wei and Marcus Walker「習氏のロシア・コンプレックスと水面下の経済支援」（THE WALL STREET JOURNAL, 2022.12.16）
https://jp.wsj.com/articles/xi-jinping-doubles-down-on-his-putin-bet-i-have-a-similar-personality-to-yours-11671171776（as of December 17, 2022）

・間山克彦「「兵役法」改正と中国の国防体制の変革」（『防衛研究所紀要』第3巻第3号（２００１年2月）42～57頁）http://www.nids.mod.go.jp/publication/kiyo/pdf/bulletin_j3-3_2.pdf（as of April 2, 2022）

・東京新聞「志願者不足に悩む中国人民解放軍　若者は「自由ない」軍離れ、老兵の動員で求心力強化も」（２０２１年7月13日付）

・北村豊「人民解放軍、徴兵検査「不合格率57％」の影―忍び寄る一人っ子政策と急成長の〝後遺症〟」（日経ビジネス、2017.9.1）

・樋口譲次編著『日本と中国、もし戦わば』（ＳＢ新書、２０１７年）

・日本安全保障戦略研究所編著『台湾・尖閣を守る「日米台連携メカニズム」の構築』（国書刊行会、２０２１年）

## 〈第２章〉

・令和２年版『防衛白書』（防衛省）
・令和４年版『防衛白書』（防衛省）
・公安調査庁２０１５・17年版『内外情勢の回顧と展望』（年次報告書）
・米シンクタンクの戦略国際問題研究所（ＣＳＩＳ）「日本における中国の影響力」（調査報告書、２０２２年７月末）
・川上桃子「台湾マスメディアにおける中国の影響力の浸透メカニズム」（日本台湾学会報第十七号（2015.9））
・門間理良「台湾による中国人民解放軍の対台湾統合作戦への評価と台湾の国防体制の整備」（防衛研究所、安全保障戦略研究第２巻第２号（２０２２年３月））
・喬良・王湘穂著、劉琦訳『超限戦―21世紀の「新しい戦争」』（角川新書、2020/1/10）

## 〈第３章〉

・日本安全保障戦略研究所編著『近未来戦を決する「マルチドメイン作戦」』（国書刊行会、２０２０年）
・樋口譲次編著・日本安全保障戦略研究所編『ウクライナ戦争徹底分析～ロシア軍はなぜこんなに弱いのか』（扶桑社、２０２２年）
・本名龍児「戦闘領域拡張過渡期の大陸国家における海軍戦略の課題―第一次世界大戦時帝政ドイツの事例から―」（海幹校戦略研究第10巻第２号（通巻第21号）、２０２０年12月）
https://www.mod.go.jp/msdf/navcol/assets/pdf/ssg2020_12_05.pdf（as of October 4, 2022）
・杉浦康之「統合作戦能力の深化を目指す」中国人民解放軍」（中国安全保障レポート２０２２、防衛研究所、2021.11.26）
・石津朋之「水陸両用戦争―その理論と実践」（平成26年度戦争史研究国際フォーラム報告書）http://www.

nids.mod.go.jp/event/proceedings/forum/pdf/2014/11.pdf（as of October 6, 2022）
・中矢潤「我が国に必要な水陸両用作戦能力とその運用上の課題—米軍の水陸両用作戦能力の調査、分析を踏まえて—」（海幹校戦略研究、２０１２年12月（2-2））
https://www.mod.go.jp/msdf/navcol/assets/pdf/ssg2012_12_06.pdf（as of October 14, 2022）
・山本敏弘ほか「特集 水陸両用作戦とシー・ベーシング」（海幹校戦略研究、２０１２年5月（2-1増））
https://www.mod.go.jp/msdf/navcol/assets/pdf/ssg2012_08_00.pdf
・防衛研究所地域研究部ロシア研究室長・飯田将史「増強が進む中国海軍陸戦隊の現状と展望」（ＮＩＤＳコメンタリー第２３８号、２０２２年9月27日）
http://www.nids.mod.go.jp/publication/commentary/pdf/commentary238.pdf（as of October 14, 2022）
・間山克彦「「兵役法」改正と中国の国防体制の変革」（防衛研究所紀要第3巻第3号、２００１年2月）
http://www.nids.mod.go.jp/publication/kiyo/pdf/bulletin_j3-3_2.pdf（as of October 24, 2022）
・Steve Sacks, "China's Military Has a Hidden Weakness",（THE DIPLOMAT, April 20, 2021）
・Joel Wuthnow, "Rightsizing Chinese Military Lessons from Ukraine",（STRATEGIC FORUM National Defense University, September 2022）
https://ndupress.ndu.edu/Portals/68/Documents/stratforum/SF-311.pdf（as of October 6, 2022）
・Alastair Gale「中国軍の増強、実戦能力はいかほどか」（ＷＳＪ、2022.10.21）
https://jp.wsj.com/articles/chinas-military-is-catching-up-to-the-u-s-is-it-ready-for-battle-11666324909（as of October 22, 2022）
・ＮＨＫ「"赤い思想教育" 習近平総書記三選の礎」（ＢＳ1スペシャル、2022.11.20）
・浅野裕一著『孫子』（講談社学術文庫、１９９７年）
・一田一樹「国家別サイバーパワーランキングの正しい見方」（ニューズウィーク日本版、２０２１年07月15日）
・米国防省「中華人民共和国の軍事及び安全保障の進展に関する年次報告」（２０１８～２２年）

・米国家情報長官「世界脅威評価書」（２０１９年）
・防衛研究所研究部第1研究室主任研究官・菊地茂雄「米国における統合の強化―１９８６年ゴールドウォーター・ニコルズ国防省改編法と現在の見直し論議―」（防衛研究所ニュース２００５年7月号（通算90号））
http://www.nids.mod.go.jp/publication/briefing/pdf/2005/200507.pdf (as of October 16, 2022)
・Bonnie Berkowitz and Artur Galocha, "Why the Russian military is bogged down by logistics in Ukraine", The Washington Post, March 30, 2022 at 10:17 a.m. EDT
https://www.washingtonpost.com/world/2022/03/30/russia-military-logistics-supply-chain/ (as of October 16, 2022)
・Ian Easton, "Hostile Harbors: Taiwan's Ports and PLA Invasion Plans", PROJECT 2049 INSTITUTE, July 22, 2021
https://project2049.net/wp-content/uploads/2021/07/P2049_HostileHarbors_Easton_072221.pdf (as of October 13, 2022)
・防衛大学校防衛学教育学群准教授・五十嵐隆幸「「今日のウクライナは、明日の台湾」になるのであろうか？」（交流2022.5 No. 974）
・二宮充史「日本軍の渡洋上陸作戦―水陸両用戦争の視点からの再評価―」（海幹戦略研究２０２６年7月（6-1））
・W・G・パゴニス著『山・動く―湾岸戦争に学ぶ経営戦略』（同文書院インターナショナル、１９９２年）
・ＮＨＫ、ＢＳ世界のドキュメンタリー「ワグネル　影のロシア傭兵部隊」（原題：Wagner：Putin's Shadow Army（フランス、２０２２年））
https://www.nhk.jp/p/wdoc/ts/88Z7X45XZY/episode/te/3KY1ZPV423/ (as of December 28, 2022)
・徐立生・王兆勇主編『港口登陸作戦研究』（中国国防大学出版社）
・曹正荣、他2名主編『信息化陸軍作戦』（中国国防大学出版社）

・Mike Yeo, "Taiwan unveils Army restructure aimed at decentralizing military," Defense News, 2021.5.17
https://www.defensenews.com/global/asia-pacific/2021/05/17/taiwan-unveils-army-restructure-aimed-at-decentralizing-military/(as of May 17, 2021)
・中曽根平和研究所主任研究員・帖佐聡一郎「現代における軍事の民営化のインパクトと我が国へのインプリケーション」（平和研究レポート、２０２１年３月）
https://www.npi.or.jp/research/data/npipolicy20210422.pdf（as of May 26, 2021）
・日本安全保障戦略研究所編著『日本人のための核大事典』（国書刊行会、２０１８年）
・日本安全保障戦略研究所編著『近未来戦を決する「マルチドメイン作戦」』（国書刊行会、２０２０年）

## 〈第４章〉

・令和４年版『防衛白書』（防衛省）
・「国家安全保障戦略について」（平成25年12月17日 国家安全保障会議決定 閣議決定）
・日本安全保障戦略研究所編著『有事、国民は避難できるのか』（国書刊行会、２０２２年）

## 〈おわりに〉

・梅棹忠夫著『文明の生態史観』（中央公論社、１９６７年）
・浅野裕一著『孫子』（講談社学術文庫、１９９７年）
・令和４年版『防衛白書』（防衛省）
・「国家安全保障戦略について」（令和４年12月16日、国家安全保障会議決定・閣議決定）

## 著者紹介

**樋口譲次**（ひぐち　じょうじ）

1947年生まれ、長崎県出身。防衛大学校卒業（13期生、機械工学専攻）、陸上自衛隊の高射特科部隊等勤務。この間、米陸軍指揮幕僚大学留学、第２高射特科群長、第２高射特科団長兼飯塚駐屯地司令、第７師団副師団長兼東千歳駐屯地司令、第６師団長、陸上自衛隊幹部学校長等を歴任。2003年退官（陸将）。現在、日本安全保障戦略研究所副理事長兼上席研究員、偕行社・安全保障研究会研究会、隊友会参与等。

中国軍、その本当の実力は
――中国は台湾を着上陸侵攻できるのか

2023年４月25日　初版第１刷発行

著　者　樋口譲次
発行者　佐藤今朝夫
発行所　株式会社 国書刊行会
〒174-0056 東京都板橋区志村1-13-15
TEL 03(5970)7421　FAX 03(5970)7427
https://www.kokusho.co.jp

装　幀　真志田桐子
カバー画像：Shutterstock
印　刷　創栄図書印刷株式会社
製　本　株式会社村上製本所



ISBN　978-4-336-07500-0